中国水利教育协会20年

中国水利教育协会秘书处　编著

中国水利水电出版社
www.waterpub.com.cn

内 容 提 要

本书为纪念中国水利教育协会成立20年而作，搜集了较为丰富的资料，进行了系统梳理，以图文并茂的形式展现了中国水利教育协会20年的发展历程、重点工作和取得的成就，并收录了部分回忆、纪念文章，为广大水利教育与人才培养工作者研究水利教育改革发展、了解中国水利教育协会提供了资料，具有参考借鉴作用。

图书在版编目（CIP）数据

中国水利教育协会20年 / 中国水利教育协会秘书处编著. -- 北京 : 中国水利水电出版社, 2015.10
ISBN 978-7-5170-3761-3

Ⅰ. ①中… Ⅱ. ①中… Ⅲ. ①水利工业－教育学会－概况－中国 Ⅳ. ①TV-262

中国版本图书馆CIP数据核字(2015)第247308号

书　　名	**中国水利教育协会 20 年**
作　　者	中国水利教育协会秘书处　编著
出版发行	中国水利水电出版社 （北京市海淀区玉渊潭南路1号D座　100038） 网址：www.waterpub.com.cn E-mail：sales@waterpub.com.cn 电话：(010) 68367658（发行部）
经　　售	北京科水图书销售中心（零售） 电话：(010) 88383994、63202643、68545874 全国各地新华书店和相关出版物销售网点
排　　版	中国水利水电出版社微机排版中心
印　　刷	北京博图彩色印刷有限公司
规　　格	170mm×240mm　16开本　13.25印张　166千字
版　　次	2015年10月第1版　2015年10月第1次印刷
印　　数	001—650册
定　　价	**56.00** 元

凡购买我社图书，如有缺页、倒页、脱页的，本社发行部负责调换

序

伴随着我国水利事业的辉煌跨越，中国水利教育协会历经20载春夏秋冬，在风雨阳光中探索发展、砥砺前行，收获了累累硕果。20年来，在水利部的领导下，在部领导和主管司局的关心、重视、指导下，在历届理事和会员单位的支持、配合下，教育协会与广大水利教育工作者一道孜孜以求、辛勤耕耘，努力为水利人才队伍建设服务，发挥了重要的、不可替代的独特作用。

教育协会自成立以来，始终恪尽职守，为水利教育事业改革发展而努力。一直以服务水利发展为宗旨，以培养水利人才为己任，以凝聚水利院校为抓手，坚持“参谋助手”“桥梁纽带”的工作定位，坚持整合资源、发挥优势的工作思路，坚持锐意进取、开拓创新的工作精神，在服务主管部门、服务行业发展、服务会员中不辱使命，做出了应有贡献。20年来，教育协会积极引导院校保持水利特色、强化水利学科专业建设、提升办学质量水平，引导院校师生关注水利、了解水利、投身水利，主动参与制订水利教育发展政策，不断加强水利基层人才培养，在促进经验交流、成果推广、资源共享、组织学术理论研究等多个方面，都采取了许多有效、有力措施，取得了显著成效，发挥了明显作用。

尤其是近些年，党和国家高度重视水利事业和人才培养。教育协会主动适应现代水利、民生水利新形势新要求，勇于承担、积极进取，努力发挥总体优势，有效拓展工作领域，不断丰富工作载体，抓重点、求突破，创造性地组织开展大学生水利创新设计大赛、水利职业院校学生技能竞赛、水利专业教材建设、师资队伍建设、水利职业院校示范建设、县市水利局长和基层站所长培训、推进水利职教集团建设等一系列重点、亮点工作，不仅提升了教育协会的履职服务能力，提高了教育协会的影响力、凝聚力，也促进了水利教育事业整体的健康发展，为水利事业的跨越发展提供了有力的人才支撑、智力保障。

为回顾发展历程，总结办会经验，为水利教育改革发展提供参考借鉴，教育协会秘书处花费大量时间精力搜集整理资料，逐年遴选提炼，反复修改完善，汇编完成了《中国水利教育协会 20 年》。该书以客观事实为线索，按时间顺序摘录教育协会及各分支机构、工作机构工作要点，图文并茂地展现了教育协会和水利教育 20 年的发展历程、主要进展，对协会和各会员单位创新发展具有参考借鉴作用，值得广大水利教育与人才培养工作者存阅。

时光荏苒，回望教育协会 20 年历史，在我们栉风沐雨、上下求索的过程中，有一大批主管领导、专家、同事、骨干与我们携手并肩，风雨兼程，同心同德，奋发进取，才取得今天水利教育的丰硕成果、辉煌业绩。我谨代表教育协会向所有关心、支持水利教育和协会工作的单位、领导、同志们，向张季农、朱登铨两位前任理事长和历届理事会领导、理事，向默默奉献的水利教育工作者，表示崇高的敬意和由衷感谢！

教育是培养人才，实现民族振兴、社会进步的基石，也是行业建设发展的基础。在上级部门、领导一如既往的关心、支持、指导下，教育协会定会迎风扬帆、凝心聚力、开拓创新，紧密团结全体水利教育工作者，以更饱满的精神、更昂扬的斗志、更坚实的步伐，在新的征程上增光添彩、取得更大成绩，为水利事业发展做出新的更大贡献！

周保志

目 录

协会概览

中国水利教育协会（简称教育协会）是由从事水利高等教育、职业技术教育、职工教育的相关单位及其工作者自愿结成的专业性、全国性的非营利性社会组织，于1994年正式成立，英文译名China Association of Hydraulic Engineering Education（简写为CAHEE）。其宗旨是以马克思列宁主义、毛泽东思想、邓小平理论、“三个代表”重要思想和科学发展观为指导，贯彻落实党和国家教育方针政策及人才工作决定，遵守宪法、法律、法规和社会道德规范，维护会员合法权益，团结全国水利教育培训工作者，加强学术理论研究，促进水利教育与行业发展紧密结合，提升水利人才培养质量与规模，为加快水利改革发展提供人才支持与智力保障，为推进水生态文明建设和全面建成小康社会努力奋斗。

在20年的发展历程中，教育协会的工作内容不断丰富，工作领域不断拓展。根据2013年12月第四次会员代表大会通过的《中国水利教育协会章程》，业务范围（主要任务）包括：接受政府委托，开展水利教育相关检查、评估、调查、研究等，参与拟订或完成水利教育培训方案、规划、文件、政策规定等；组织开展水利学科专业建设相关研究、学术理论研究与交流、业务技术咨询服务、水利类专业教材建设、水利教育师资队伍建设，以及促进院校人才培养质量提高的各项评选、竞赛活动，引导毕业生到水利基层单位就业等；协调整合教育培训资源，创新教育培训方式方法，拓宽基层水利人才教育培训渠道，面向行业开展基层领导干部、水利专业技术人才的继续教育和水利基层职工的职业培训、学历教育等工作；宣传水利教育培训相关政策法规和资讯，编辑发行有关书刊、资料，办好会刊和网站，为会员单位和水利教育工作者服务；完成主管部门交办的工作任务，协助或配合主管部门开展有关工作。教育协会以上述工作为重点，促进水利教育发展与行业需求相结合，为水利事业发展提供人才支撑和智力保障。

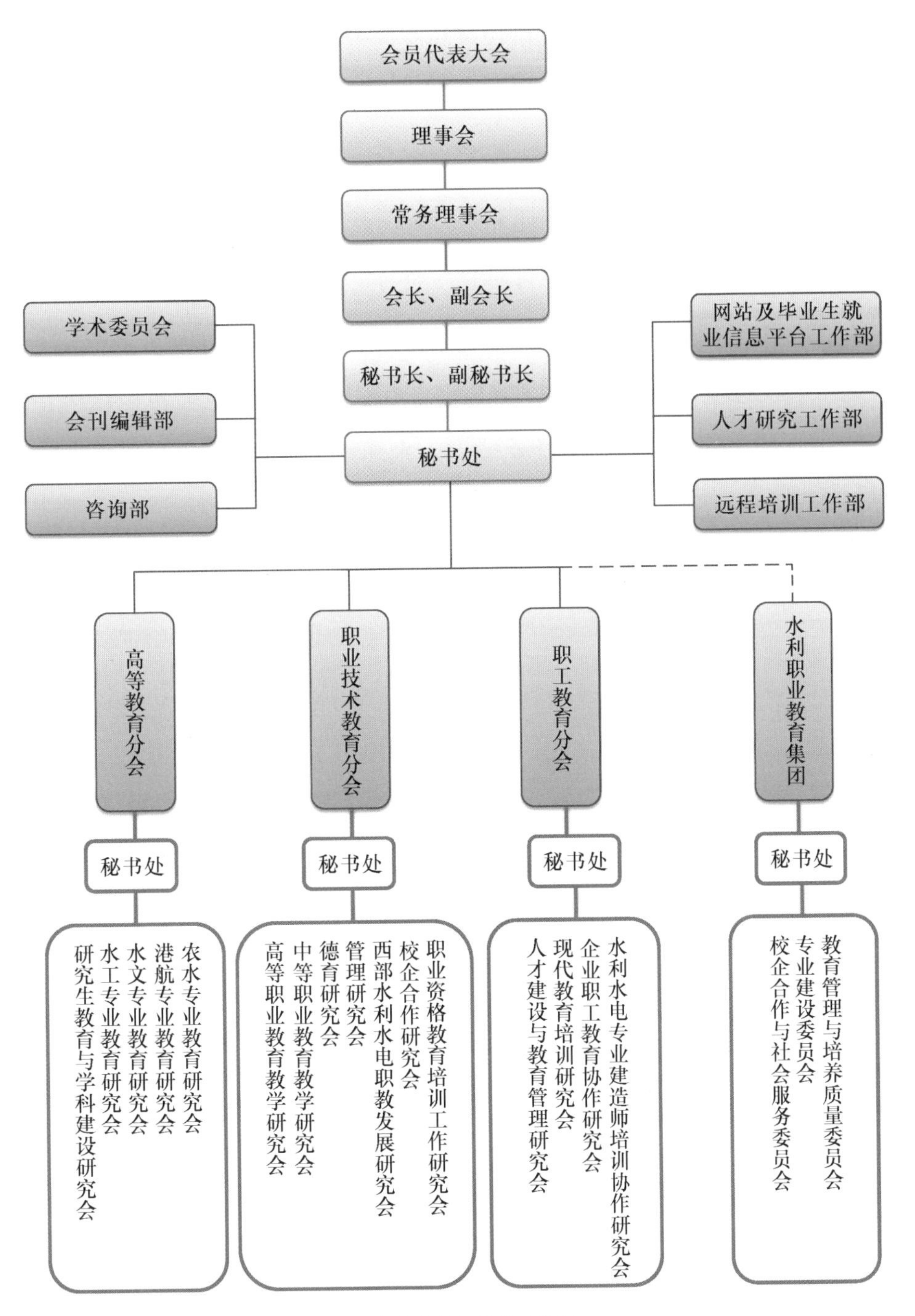

教育协会组织机构示意图

随着工作领域的拓展，组织机构也相应调整扩充，现设有秘书处、学术委员会、远程培训工作部、咨询部、人才研究工作部、会刊编辑部、网站及毕业生就业信息平台7个工作机构，高等教育分会、职业技术教育分会、职工教育分会3个分支机构，并指导水利职业教育集团开展工作，形成了基本适应水利教育事业改革发展需求，符合教育协会性质与定位，具有较强承载能力和服务能力的工作体系。

20年来，教育协会行业影响力和凝聚力不断提升，现有会员单位260多个，其中普通高等院校76所，职业院校55所，水利教育主管部门和企事业单位116个，培训中心和干部学校21个，基本整合了水利教育培训领域的重要资源，形成了一支独具特色、精炼而又富有战斗力的队伍，成为促进水利教育改革发展的中坚力量。

20年来，教育协会立足人才培养、服务水利发展，以凝聚水利院校为抓手，以培养水利人才为己任，围绕中心、服务大局，攻坚克难、推陈出新，团结协作、开拓进取，在强化水利学科专业建设、引导院校服务行业发展、加强基层人才培养等方面开展了大量工作，取得了显著成绩，为促进水利教育健康持续发展，为我国水利事业提供人才和智力支持做出了重要贡献！

廿载回顾

发展历程

教育协会发展历程大致可以分为筹备成立、起步探索、拓展奠基和创新发展四个阶段。

（一）筹备成立阶段（1993—1995年）

1988年，水利电力部分部以后，在水利教育系统先后成立了全国水利职工教育学会、全国水利职业技术教育学会和中国水利高等教育学会。1993年，根据工作需要，水利部科技教育司组织三个学会研究协商，形成了以三个学会为基础组建“中国水利教育协会”的意向，并成立了中国水利教育协会筹备委员会。水利部对此十分重视，大力支持，1993年5月做出《关于成立中国水利教育协会的批复》（水人劳〔1993〕26号），并向国家教委发出《关于成立中国水利教育协会的函》（水教科〔1993〕281号）。6月，国家教委发出《关于同意成立中国水利教育协会的批复》（教办〔1993〕38号）。9月，民政部社团司受理了成立教育协会的申请，于1994年2月18日发放了《中华人民共和国社团登记证》，标志着教育协会正式成立，三个学会相应地成为教育协会的分支机构：职工教育分会、职业技术教育分会、高等教育分会。

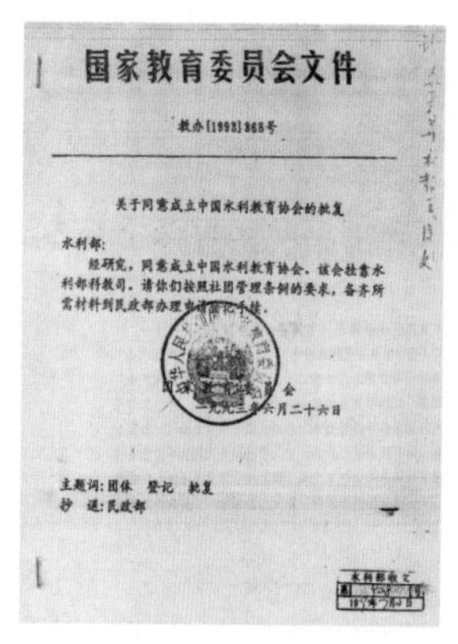
国家教育委员会文件

教办〔1993〕[illegible]号

关于同意成立中国水利教育协会的批复

水利部：

经研究，同意成立中国水利教育协会，该会挂靠水利部科教司。请你们按照社团管理条例的要求，备齐所需材料到民政部办理申请登记手续。

国家教育委员会

一九九三年六月二十六日

主题词：团体　登记　批复

抄　送：民政部

《关于同意成立中国水利教育协会的批复》

1994年6月，教育协会召开第一次工作会议，启用教育协会及分支机构、办事机构印章和财务专用章。

1995年7月，教育协会第一届理事会会议❶在厦门召开。会议推举水利部副部长张春园担任名誉理事长❷、原副部长张季农担任理事长、人事劳动教育司❸副司长高而坤担任常务副理事长，北京水利水电管理干部学院教授窦以松担任秘书长。会议还选举产生了13位副理事长和41位常务理事、90位理事，聘任了副秘书长，通过了《中国水利教育协会章程》（简称《章程》）和工作报告，拉开了第一届理事会工作的序幕。

（二）起步探索阶段（1996—2000年）

第一届理事会正式成立后，教育协会按照《章程》规定，以三个分会原有活动模式为基础，积极有效地开展工作，重点是组织开展学术理论研究、总结交流工作经验、培养水利人才、编辑印发《水利教育简报》和分会会刊、编辑出版书刊资料、沟通国内外教育培训信息等，取得了可喜成绩。

第一届理事会理事长　张季农

在此期间，教育协会受水利部主管部门委托做了大量工作，如参加“水利人才规划”“水利部‘九五’教育规划和2010年远景规划”的制定，部属高校优秀中青年学科带头人和部级重点学科、重点实验室的评审，“第五届中国青年科技奖”水利部专家评议、水利部“百千万人才工程”一、二层次人选专家评议和“水利部第一届青年学术论文”的评选；参加“面向21世纪水利高等教育

❶ 第二届起更名为“会员代表大会”。
❷ 第三届理事会起更名为“会长”。
❸ 2008年9月更名为“人事司”。

教学内容和课程体系改革及教育科学研究”和部属院校管理体制改革的调查研究；组织编辑出版了《中国水利教育50年》和行业干部教育培训教材《水利概论》；探索中国水利教育基金管理，承担水利职工“双专科”学历证书和成人中专学历证书验印等工作。教育协会初步确立了符合自身定位、适应行业需求的服务理念和工作领域，在发挥桥梁纽带作用方面进行了有益探索。

（三）拓展奠基阶段（2001—2007年）

2001年7月，教育协会在哈尔滨召开第二次会员代表大会，选举产生第二届理事会，水利部原副部长张季农担任名誉理事长、原副部长朱登铨担任理事长，人事劳动教育司副司长陈自强担任常务副理事长，人才资源开发中心副主任彭建明担任秘书长。2002年，教育协会业务主管部门由教育部正式变更为水利部，秘书处迁至北京市白广路办公，方便了与水利部主管部门和有关业务司局的联系交流。2005年8月，水利部原党组成员周保志接替朱登铨担任理事长。

第二届理事会理事长　朱登铨

这一阶段，教育协会主动围绕水利中心工作，在为上级主管部门服务、水利人才培养、学术理论研究、编辑出版、信息沟通、交流协作和自身建设等方面取得了明显成绩，为今后发展奠定了坚实的基础。一是院校管理体制改革后，教育协会承担起联系院校、加强行业指导的职责，引导院校围绕水利事业发展培养人才，发挥了其他单位和机构难以替代的作用；二是根据水利事业发展和人才队伍建设需要开展调查研究，承担了许多重要课题研究任务，如“提高干部教育培训质量研究”“水利专业技术人才知识更新工程实施对策与措施课题研

究”等，为行政决策和水利教育发展提供了有力的支撑；三是主动为水利人事制度改革和干部队伍建设服务，如受主管部门委托完成《公开选拔领导干部水利专业考试大纲》和试题库建设，编写《水利干部培训实务》等；四是积极开展水利教育教学研究，组织编写出版多套（本）水利类专业教材，努力推进水利学科专业建设；五是组织举办多个研究生班和短期培训、研讨班，努力为行业人才培养服务。此外，在教育培训信息交流、经验总结推广、舆论宣传等方面也做了大量卓有成效的工作，促进了水利教育事业的发展。

第三届、第四届理事会会长　周保志

（四）创新发展阶段（2007年至今）

教育协会第三次会员代表大会于2007年2月在北京召开。会议选举水利部副部长胡四一、原副部长朱登铨担任名誉会长，水利部原党组成员周保志担任会长，彭建明担任副会长兼秘书长。

这期间，国家制定了一系列促进水利和教育改革发展的政策措施，水利部也印发了贯彻落实的相关文件，部领导多次就教育培训和人才培养发表重要讲话，对教育协会工作作出重要批示和指示，部人事司等有关司局在工作指导、项目委托等多方面不断加大对教育协会的支持力度，教育协会迎来了良好的发展机遇。

在周保志会长的带领和全体理事的共同努力下，教育协会围绕中心、服务大局，抢抓机遇，努力服务基层人才队伍建设，通过举办县市水利局长、乡镇水利站所长、专业技术骨干培训等重点培训基层一线领导干部，提升基层水利职工素质；创新思路，引导水利院校毕业生到基层就业；努力引导院校服务水利发展，引导院校围绕水利需要培养人才，强化院校师生服务水利意识，开展水利职业教育示范建设提升整体水平；支持成立水利职业教育集团，促进校企融合合作；努力创新工作载体，组织举办的大学生水利创新设计大赛、中高等水利职业院校学生技能竞赛、水利学科青年教师讲课竞赛、职教名师新星评选等活动成为品牌和亮点；努力加强水利学科专业建设，组织学术理论交流研讨、编写出版教材等。一系列创新工作，抓住了重点，做出了特色，有力推动了水利教育事业的健康发展，为水利改革发展贡献了重要力量。

20年发展历程中，教育协会受到水利部党组、部领导的关心重视，得到主管司局、挂靠单位领导和各级水利主管部门、有关企事业单位的大力支持，许多领导在分管人才与教育培训工作或兼任协会领导职务期间，对教育协会给予了非常重要的指导、帮助和大力推动。协会三任会长（理事长）张季农、朱登铨、周保志，分会及职教集团历任主要负责人姜弘道、张长宽、王乘、徐辉、黄自强、傅秀堂、王忠法、熊铁、陈飞、刘宪亮、刘国际、王春海、窦以松、赵景欣、邵平江，高等教育分会秘书长阮怀宁，职业技术教育分会秘书长余爱民，职工教育分会秘书长郭唐义，水利职业教育集团秘书长邱国强，高等教育分会原秘书长王集权，会刊编辑部刘保太、定光国、李湘、王亚平、宋芮、李佩环等同志，在教育协会和分会工作中发挥了重要作用，做出了重要贡献。教育协会先后几家挂靠单位北京水利水电管理干部学院、水利部人才资源开发中心、中国水利学会，教育协会各分会和职教集团设在单位河海大学、黄河水利委员会、长江水利委员会、黄河水利职业技术学院、广东水利电力职业技术学院为教育协会的持续健康发展提供了重要的人力物力支持。

主要成就

“筚路蓝缕，以启山林”，20 年来，教育协会艰苦创业、开拓创新，从自身建设到服务人才队伍建设、服务行业发展，均做了大量工作，取得了可喜的成绩。

（一）自身建设不断加强

在部领导的关怀重视和业务主管部门支持指导下，在广大会员单位的支持配合下，经过 20 年的努力完善、发展壮大，教育协会已成为联系水利系统教育培训主管部门、水利水电类高等院校、水利职业院校、水利培训中心（干部、职工学校）、大中型企事业单位，整合水利教育培训资源，服务水利人才队伍建设的重要机构，并形成了一套完整的工作体系。根据发展需要不断调整，工作领域从成立之初单一、平面的结构朝着综合化、纵深化方向发展。组织机构也相应地扩充完善，各工作机构、分支机构活跃在各自工作范围内，积极为水利教育培训贡献自身力量。教育协会逐步成为水利教育事业中具有重要作用的参谋助手和桥梁纽带。

（二）服务行业成绩明显

教育协会充分发挥参谋助手作用和资源、人才优势，在文件起草、规划制定、调查研究等方面为行业主管部门提供了优质高效的服务。一是承担了水利人事制度改革和干部队伍能力建设等方面的部分工作，如组织编写水利部《公开选拔领导干部水利专业考试大纲》，建设试题库和管理系统；编写拟订水利部机关公务员能力建设实施办法等；组织修订中组部考评中心委托的《党政领导干部公开选拔和竞争上岗考试大纲（水利专业）》，编制水利专业考试试题等。二是参与配合起草相关文件，如配合水利部、教育部等起草《水利行业领导干部专业能力建设指导意见和培训大纲》（水人教〔2005〕377号）、《关于深入实施水利人才战略，进一步加强人才工作的意见》（水人教〔2005〕378号）、《水利部关于大力发展水利职业教育的若干意见》（水人教〔2006〕583号）、"十一五"和"十二五"水利人才规划纲要、水利干部教育培训规划编制、《水利部教育部关于推进水利职业教育改革发展的意见》（水人教〔2013〕121号）等。三是深入开展调查研究，完成《关于当前水利教育有关问题的情况反映》《关于贯彻水利部关于大力发展水利职业教育的若干意见情况反映》《关于建立水利院校毕业生就业信息网的建议》等多个重点研究报告。一系列教育培训相关文件的研究、起草、修订等工作，为水利教育培训工作出谋划策，为主管部门提供了决策依据。

（三）教育培训成绩突出

多年来，教育协会探索开展了多层次、多类型的教育培训工作，有力地推动了水利人才培养。一是开展学历教育，如与中国科学院、中国农业大学、北京工业大学等单位联合举办4期研究生班和硕士学位班；与河海大学、武汉大学等合作，开展远程教育培训、网络学历教育和专升本学习课程，成立中教国际教育交流中心水利行业工作站，帮助水利院校的学生和水利职工子女出国留学。二是开展基层水利人才培养，组织各类专业技术骨干和业务培训89期，培训基层专业技术人员8500余人次；创新性地面向基层举办县市水利局长、水利站所长培训，水利部启动万名县市水利局长和万名乡镇水利站所长培训计划后，又承办示范培训，几年来共培训县市水利局长、乡镇水利站长、水文站长、水电站长等达5000人次。三是开展上门培训，为山西省水电局、大庆市水务局等基层单位举办多期水利业务培训，高等教育分会为江苏省举办9期“市县水利局长素质教育培训班”，为新疆生产建设兵团及安徽、浙江、湖南、四川、江苏等省举办了12批次建造师考前培训和安全生产培训班，培训4000余人次，为水利基层单位培养了一批急需人才。

（四）引导院校成效显著

水利院校是水利后备人才培养的主阵地，教育协会在加强引导和服务水利院校方面做了大量工作。一是及时了解行业动态，把握水利教育发展趋势，策划组织开展多项以水利院校为主体的工作及活动，引导院校整体发展与行业需求相适应。二是引导院校围绕行业需要培养合格人才，如适时举办“水利高等教育高层论坛”“现代水利人才需求与培养院校长论坛”“水利类高职高专院校长论坛”“水利基层人才培养论坛”“名师论坛”等活动，引导院校进一步加强人才培养的针对性和适用性。三是引导院校师生强化服务水利意识，如组织举办全国水利院校学生水利知识竞赛、2011年中央一号文件知识竞赛等，增强师生投身水利、服务水利的意识，得到部领导批示肯定。四是引导水利院校师生为水利改革发展建言献策，如与西安理工大学、河海大学联合举办两届现代水利工程学术会议，该会议参与面广，影响突出，较好地达到了吸引广大水利院校师生关注水利、围绕现代水利工程技术建言献策的目的。

（五）品牌亮点成绩斐然

在水利教育事业改革发展的浪潮中，教育协会抓住时机、顺势而为，积极适应水利教育工作与水利院校发展的需求，策划组织了一系列重点工作，做出了显著成绩。一是组织开展专项重点工作，如启动全国水利职业教育示范建设，以评促建、重点推进、示范引领，带动了水利职业教育整体水平提升；支持组建水利职业教育集团，搭建校企融合平台，促进校校交流合作、资源共享，推动校企互惠共赢，强化水利院校学生实习与就业管理，对水利职业教育产生了重要影响。二是组织开展各类竞赛，如策划启动全国水利中高等职业院校技能竞赛，创新水利高技能人才培养途径；举办全国大学生水利创新设计大赛，提高学生的创新能力和实践能力；举办全国水利学科青年教师讲课竞赛，提高水利学科专业教学水平与人才培养质量等。几项赛事在水利院校师生中产生了很大影响，成为备受瞩目的经典赛事。三是组织开展相关评选，如组织全国水利优秀毕业生评选，全国水利院校十佳未来水利之星评选，全国水利职教名师、职教教学新星评选，全国水利职业院校校园文化建设优秀成果评选，全国水利职业院校优秀德育工作者评选等，促进了师资队伍建设和优秀青年人才培养。

（六）学科建设成果喜人

在加强水利学科专业建设方面，教育协会察院校之所需，急行业之所难，积极承担，牵头开展了一系列颇有成效的工作。一是水利类专业教材建设成果丰硕。院校管理体制改革后，水利部不再具有院校教育管理的职能，教材建设工作缺乏有效规划和管理，出现了不良局面，如部分教材重复出版，紧缺教材无人出版等。在资源长期分散、缺乏资金等困难情况下，教育协会主动发挥参谋助手作用，调动整合各方力量，组织编写出版了一批结构合理、适用性强的教材，有效改善了教材建设的不良状况，基本适应了教育教学改革需要。二是水利学科专业建设不断加强，如联合教学指导委员会，组织审议高等学校水利学科本科专业介绍、修订专业目录，开展水利类专业改革与建设经验交流；按教育部要求开发水利职业教育主干专业新的人才培养方案，制定新的中职专业目录；开展水利学科专业核心课程、专业建设，拟订职业教育水利类核心专业人才培养标准、人才培养指导方案和专业设置标准等。这些工作不但推动水利学科专业建设整体水平提升，更促进学科专业发展、教育教学改革与行业需求相适应。

（七）学术研究成果显著

教育协会充分发挥凝聚院校、汇聚专家的智力优势，在加强水利教育学术研究方面做出了突出成绩。一是开展多项课题研究，如完成了新世纪水利教育结构与人才培养途径方法研究、“653 工程”实施对策与措施研究、水利院校培养后备人才研究、完善水利教育培训体系研究、“十二五”水利教材建设规划研究、水利高层次专业技术人才选拔培养政策研究等数十项课题，各分会和工作机构也组织开展相关课题研究 60 多项，取得了丰硕成果。二是组织水利教育优秀研究成果评优活动，评审 1995—2001 年、“十一五”水利教育优秀研究成果，多次组织开展征文和优秀研究成果评审活动，交流总结水利教育教学理论成果，推进水利教育理论与实践创新，部分成果结集出版，促进了水利教育研究成果的交流与推广应用。三是推荐优秀研究成果参加全国性评选活动，如组织会员单位参加中国成人教育协会、中国职工教育和职业培训协会等单位组织的优秀研究成果评选活动，多篇著作获奖，还多次获优秀组织奖，充分展示了水利教育研究成果。

重点工作

近年来，教育协会围绕中心、服务大局，主动结合水利事业发展和会员单位实际情况，抓住机遇、开拓进取，千方百计服务基层，想方设法开展工作，在加强水利学科专业建设、引导院校为行业服务、强化基层人才队伍建设等方面做了大量工作，取得了明显成绩。近几年开展的部分重点亮点工作情况如下。

（一）水利创新设计大赛成果喜人

为改革水利高等教育教学方法，创新人才培养模式，2009 年以来成功举办 3 届全国大学生水利创新设计大赛。大赛围绕“绿色水利”“生态水利”等主题，组织参赛选手进行实物作品的设计与制作，在院校推荐的基础上进行决赛，经审阅设计资料、现场答辩和实物演示等程序评出优秀作品，激发学生提高创新意识和实践能力。大赛吸引了开设水利类专业的主要高校近 60 所，1700 余名水利高校学生设计的近 500 件作品获奖，一些作品经后续完善推广，取得了良好的效益，部领导多次批示予以肯定，《中国水利报》还进行了专题报道。

（二）院校长论坛及学术会议效果明显

为引导院校发展进一步适应行业需求，提高人才培养的针对性，2008 年举办现代水利人才需求与培养院校长论坛，探讨水利行业所需人才类型和培养途径，水利部副部长胡四一出席论坛并讲话。2010 年、2012 年举办 2 届现代水利工程学术会议，精心策划组织，动员水利院校、科研院所、企事业单位等参加，共有2000多人参与，征集到的论文中ISTP检索收录80篇，EI检索收录157篇，受到广大水利院校师生、专家学者和专业技术人员的欢迎和好评，论坛成果《水利高校培养现代水利所需人才的研究报告》和学术会议简报得到水利部部长陈雷批示肯定。

（三）职业教育示范建设成果显著

2008年启动水利职业教育示范建设工作，按照以评促建、以评促改的原则，经层层评估、考察、评审，由水利部批准并发文公布18所示范院校建设单位、61个示范专业建设点名单，而后引导并督促示范建设单位认真按照任务书和建设方案所确定的目标、任务进行建设，建设期满组织专家按严格程序进行验收。截至2014年12月，示范院校建设单位和示范专业建设点已全部通过验收。该项工作促进了水利职业院校更新办学理念、提高办学能力，建设成果的推广应用进一步促进了相关院校示范引领、辐射帮助作用的发挥，带动了水利职业教育整体水平提升。

（四）职业院校技能竞赛反响强烈

为促进水利职业院校加强高素质技能人才培养，更好地为水利现代化建设服务，2006年水利协会创新性地举办了全国水利中等职业学校技能竞赛，取得了良好效果，受到水利职业院校师生热烈欢迎，遂于2007年开始举办水利高等职业院校技能竞赛，并发展成为常规赛事，至今已举办4届中职竞赛和8届高职竞赛。赛事规模和影响逐年扩大，先后有40多所院校逾10万名学生参加，近5000人进入决赛，成为水利职业教育领域一大盛事，为加强学生实践能力和职业技能培养，促进水利职业院校提高教学质量等发挥了积极作用，在行业和社会上获得广泛好评。

（五）服务水利院校学生实习就业另辟蹊径

为解决水利院校管理体制改革后学生实习难的问题，教育协会在全国范围内进行遴选，由水利部办公厅发文公布50个“全国水利院校学生实习基地”，确定81所水利院校联系人，为水利院校联系实习基地、加强学生实践教学提供便利。2008年，建设“水利院校毕业生就业信息平台”，发布学生求职和岗位招聘信息，引导水利院校毕业生到基层单位就业，不仅为水利院校毕业生就业开辟了新渠道，还为解决基层人才问题搭建了新平台。

（六）水利专业教材建设成绩斐然

在水利学科专业教材严重匮乏、老化等困难情况下，教育协会整合各方力量，组织出版水利行业规划教材90多种，支持、推动出版高等学校水利学科专业规范核心教材41种，高职高专水利水电课程国家规划教材46种，全国中等职业教育农业水利工程类精品教材15种，积极适应了教育教学改革的迫切需要。受人事司委托，教育协会自2010年起开展“十二五”水利院校教材建设规划研究、水利行业规划教材建设、水利行业优秀教材评选等工作，2014年又研究制定《水利行业规划教材管理办法》和《水利行业优秀教材评选办法》，进一步引导推动教材建设工作规范化发展。

（七）水利学科专业建设不断深化

结合水利学科专业改革发展实际需求，组织审议高等学校水利学科本科专业介绍、修订专业目录，开展水利类专业改革与建设经验交流；组织开展水利学科专业核心课程和专业建设，建成国家级精品课程29门；按照教育部要求，开发了11个水利职业教育主干专业新的人才培养方案，制定了5个中职专业教学标准，修订高职专业目录；拟订了5个职业教育水利类核心专业的人才培养标准、人才培养指导方案和专业设置标准，为水利学科专业建设提供行业标准和重要依据。

（八）职业教育集团化办学大力推进

2008年支持成立首个全国性行业职教集团——中国水利职业教育集团，探索搭建校企合作平台，引导集团内成员积极共建共享师资队伍、实习基地、实训场馆，促进人才共育、成果共享，促进水利职业教育“规模化、集团化、连锁化”发展。近两年集团建成校企无忧网站，研发推广“实习就业跟踪管理系统”软件，汇编水利职业教育产教融合典型案例等，进一步丰富了工作亮点和载体，更好地服务水利职业教育改革发展。

（九）激励师生投身水利面广人多

近年来，为促进水利院校教师提高教育教学水平和投身水利的热情，引导学生关注水利，教育协会开展了形式多样、卓有成效的活动。如举办了4届水利学科青年教师讲课竞赛，3届水利职教名师、职教教学新星评选，2届职业院校优秀德育工作者评选，6届水利优秀毕业生评选，4届十佳未来水利之星评选，2届职业院校校园文化建设评选，共表彰师生500余名；举办水利院校学生水利知识竞赛，协办水利部中央一号文件知识竞赛，逾14万名师生参加，极大地激发了广大水利师生投身水利的热情和信心。

（十）服务基层队伍建设作用突出

2006年起，教育协会开创性地直接面向基层举办县市水利局长、乡镇水利站长、水文站长、农村水电站长、中小型水库站所长培训等30多期，取得明显成效，引起水利部关注重视。2011年，水利部组织实施万名县市水利局长、万名乡镇水利站所长培训计划后，教育协会又承办11期县市水利局长和8期乡镇水利站长示范培训，几年来共培训5000余人；还举办各类水利专业技术骨干培训60多期，培训6400余人；通过远程教育培训、网络学历教育等培训基层水利职工2000余人，对加强基层人才队伍建设发挥了重要作用。

基本经验

我们深刻地认识到，教育协会要又好又快地发展，必须始终坚持“桥梁纽带、参谋助手”的工作定位，坚持“围绕中心、服务大局”的办会宗旨，坚持“育人为本、立足实务”的工作方向，坚持“与时俱进、开拓进取”的发展理念，坚持“精诚团结、密切协作”的团队精神。回顾过去，我们有以下几点经验。

（一）牢记宗旨，正确把握发展方向

培养水利事业发展所需人才是对教育协会工作的根本要求，也是教育协会工作的出发点和落脚点。过去20年，各届理事会虽然处在不断变革的时代，有不同的发展环境和不同的工作重点，但贯彻宗旨要求，坚持育人为本，始终都是不变的发展方向，是指导教育协会开展工作、履行职责的最高行为准则。

（二）定位清晰，积极适应发展需要

20年来，教育协会积极努力团结广大水利教育工作者，把院校发展、人才培养、会员单位需要与自身发展相结合，把自身发展与水利教育事业发展相结合，以服务为理念，不断丰富工作内涵，主动融入水利教育事业发展中，用自己的工作实践，争取为水利教育事业发展作出更多贡献。

（三）改革创新，有效提高发展动力

教育协会始终注重结合新形势，研究新问题，注意从基层单位、水利院校和教育培训工作者的探索中汲取营养，根据发展环境的变化和新的形势任务要求，不断丰富组织结构、拓展工作领域、创新工作抓手，为协会自身发展乃至水利教育培训工作注入新鲜血液，进一步促进水利教育事业持续健康发展。

（四）规范自律，切实保障发展根基

教育协会不断总结发展经验，探索运行规律，发扬民主决策，注重沟通协调，强调工作计划性，做到中期发展有规划、年度工作有计划、具体工作有制度办法，保证了工作和活动开展的质量，形成了组织团结和谐，工作规范有序、协会事业进步的良好局面，保持协会发展的生机和活力。

回顾过去我们由衷欣慰，展望未来我们信心百倍。历经 20 年的不懈努力，教育协会打开了局面，积淀了优势，确立了地位。路漫漫其修远兮，吾将上下而求索。我们将以更坚定的信念、更顽强的意志，不断创新，不懈努力，去开拓下一个 20 年，创造新的灿烂和辉煌，谱写无愧于行业、无愧于时代的新乐章。

发展纪实

1994 年

2月18日，在水利部、国家教委的支持指导下，在水利部科技教育司和中国水利教育协会筹备委员会的积极推动下，经过一段时间筹备，按有关程序，民政部颁发《中华人民共和国社团登记证》，标志着中国水利教育协会正式组建成立。全国水利职工教育学会、全国水利职业技术教育学会和中国水利高等教育学会相应成为教育协会分支机构：职工教育分会、职业技术教育分会和高等教育分会。

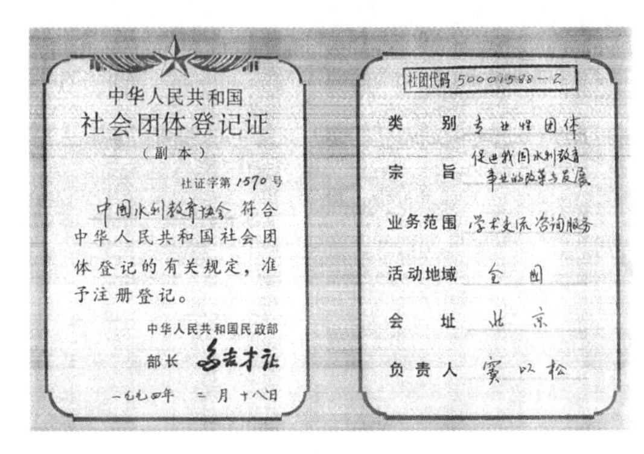

中华人民共和国
社会团体登记证
（副本）

社证字第1570号

中国水利教育协会符合中华人民共和国社会团体登记的有关规定，准予注册登记。

中华人民共和国民政部
部长 多吉才让

一九九四年 二月 十八日

社团代码 50001588—2

类　别 专业性团体

宗　旨 促进我国水利教育事业的改革与发展

业务范围 学术交流咨询服务

活动地域 全国

会　址 北京

负责人 窦以松

中国水利教育协会注册登记证

6月1日，教育协会召开第一次工作会议，启用协会及其分支、办事机构印章和财务专用章。

高等教育分会第一届理事会剪影

8月8日，教育协会印发《关于“中国水利教育协会”成立和印发协会章程（草案）的通知》（水教协〔1994〕01号）。

10月28—30日，高等教育分会成立大会在华北水利水电学院召开，选举产生了由49个单位、67名理事组成的分会理事会，以及14个单位、30名常务理事组成的分会常务理事会，成立了学校综合改革、思想政治教育、教学管理、教学基本建设、科研及科技开发、后勤及基建、体育、专科教育等8个研究会，确定《水利高等教育》为分会会刊。

《水利高等教育》封面

《水利职业技术教育》封面

11月12—16日，职业技术教育分会成立大会在南宁召开，选举产生分会领导成员及理事，提出各单位要继续研究和探索水利职业教育教学改革、办学体制，认真总结办学经验，积极迎接全国水利教育工作会议召开。

1995 年

1月9—11日，高等教育分会体育研究会第一次工作会议在南昌水利水电高等专科学校举行。

4月，高等教育分会专科教育研究会在南昌召开教材、专业评估研讨会。

4月4—8日，职工教育分会在西安召开常务理事扩大会议，总结1994年分会工作，研究布置本年度工作，并开展1994年度水利行业职工教育优秀研究成果评选。

4月5—8日，职业技术教育分会中专教学研究会主任扩大会议在北京水利水电学校召开。会议讨论了当前水利职教面临的形式和任务，听取了第三轮教材出版情况通报，并讨论了第四轮教材的规划问题。

协会张季农理事长、高而坤常务副理事长、福建省水利厅吴瑞岚副厅长等出席开幕式

协会理事在闭幕式上

召开协会第一届常务理事会

分组讨论之一（职工教育分会）

分组讨论之二（职业技术教育分会）

分组讨论之三（高等教育分会）

教育协会第一届理事会会议照片

6月10日，教育协会印发《关于召开中国水利教育协会第一届理事会会议的通知》（水教协〔1995〕04号）。

7月25—28日，教育协会第一届理事会会议在厦门召开，水利部原副部长张季农出席会议并讲话。会议推举水利部副部长张春园担任名誉理事长，原副部长张季农担任理事长，人事劳动教育司副司长高而坤担任常务副理事长，北京水利水电管理干部学院教授窦以松担任秘书长，选举产生了13位副理事长和41位常务理事、90位理事，审议通过了《中国水利教育协会章程》和工作报告，拉开了第一届理事会工作序幕。

8月，职工教育分会组织水利行业职工教育干部赴东南亚、美国进行成人教育、职业培训和人力资源开发考察。

1996 年

4月3—9日，职工教育分会常务理事会暨评选职工教育研究成果会议在海口召开。会议总结回顾了分会1995年的工作，部署了1996年的工作，开展了1995年度水利行业职工教育优秀研究成果评选，并就制定水利行业“九五”期间课题研究规划及编辑出版《水利行业职工教育“八五”期间研究成果选集》等工作进行了研究。

6月，根据水利部人事劳动教育司《关于组织实施〈面向21世纪水利高等教育教学内容和课程体系改革及教育科学研究课题计划〉的通知》要求，教育协会组织有关人员进行部属院校管理体制改革调查研究。

6月13—16日，职业技术教育分会常务理事会会议在郑州召开，回顾并肯定了职业院校在贯彻“立足水利，面向社会，按需办学，服务四化”的方针指导下所取得的成绩，成立了第二届会刊编辑委员会。

《水利职工教育》封面

6月17日，职工教育分会会刊《水利职工教育》被国家部委教育期刊研究会评为优秀教育期刊。

6月18日，根据部属高等学校部级重点学科、重点实验室和中青年学科带头人选拔资助办法，教育协会与水利部有关专家评选出19名部属高校中青年学科带头人和9个部级重点学科、8个重点实验室。

10月，职业技术教育分会委托管理研究会进行“招生就业制度改革与水利中专学校的对策”和“水利中专学校内部管理体制改革”两个课题的研究。

10月，职业技术教育分会配合水利部人事劳动教育司组织全国水利职业教育论文评优活动。

11月8—10日，高等教育分会教学管理研究会工作会议在郑州召开，研究讨论了实行学分制的有关问题，交流了教学管理和教学改革经验。

11月26—29日，职工教育分会中等专业教育协作研究会第一次主任委员扩大会议在江苏省水利职工中专召开。会议总结交流了办学经验，并对今后工作思路进行了研究。

11月，高等教育分会体育研究会在扬州大学召开第二次体育科学论文报告会，共收到9所院校的54篇论文，涉及体育教学、运动训练、体育管理等内容。

1997 年

1 月 9—10 日，职业技术教育分会在黄河水利技工学校召开水利水电技工学校教育研究会主任扩大会议。会议确定了水利水电建筑施工、水电站机电运行与检修两个专业 18 门教材的编写出版计划和主参编人员。

1 月 14—17 日，高等教育分会体育研究会第三次工作会议在浙江水利水电高等专科学校召开。会议总结了 1996 年工作，交流了各校体育改革情况，对全国水利高校大学生的体质情况进行了分析，对全国水利高校体育基础设施、体育经费、体育师资队伍情况进行了交流研讨，并制订了 1997 年工作计划。

大会开幕式

中国水利教育协会高教分会思想政治教育研究会主任、河海大学常州分校党委书记林劲松(中)讲话

思想政治教育研究会委员、华北水利水电学院党委副书记高武胜(中)发言

河海大学人文学院副院校孙其昂(中)介绍思想政治教育学科建设与发展情况

会议代表评审论文(之一)

会议代表评审论文(之二)

(摄影：彭国平，责任编辑：窦以松)

1997 年全国水利高等教育思想政治教育研讨会剪影

5 月 15—17 日，高等教育分会在河海大学常州分校召开“1997 年全国水利高等教育思想政治教育研讨会”。会议交流了各校在思想政治工作和精神文明建设方面的经验体会，成立了《全国水利高等教育思想政治教育理论与实践》一书编委会。

7 月 8—10 日，职工教育分会在广东省水电工程二局召开水利职工教育协作研究会第二次主任委员扩大会议。

7 月 21 日，高等教育分会《水利高等教育》第二届优秀论文评选会议在北京召开。

8 月 30 日—9 月 1 日，高等教育分会教学管理研究会第二次研讨会在大连理工大学召开。会议主要就在当前形势下如何进一步加强实践教学环节、如何通过教学活动，提高学生的主观能动性和创造力进行深入探讨，并交流了教学管理和教学改革经验。

高等教育分会教学管理研究会
第二次研讨会剪影

11 月 20—22 日，职业技术教育分会秘书处工作会议在北京水利水电学校召开。会议总结了 1997 年分会工作，围绕水利发展战略，研究确定了 1998 年分会工作计划。

12 月 25—27 日，职工教育分会成人高等教育协作会成立大会暨第一次研讨会在长江职工大学举行。会议讨论并通过了协作会章程，选举产生了领导机构，交流了办学经验，确定了下一步工作内容。

本年度，教育协会抽调专人参加“水利人才规划”工作中《水利人才规划工作手册》《水利人才规划讲义》《水利人才规划参考资料》等的编写，编辑《水利人才规划通讯》等；参与研究制定水利部“九五”教育规划和 2010 年远景规划，以及部属院校管理体制改革调查研究。

1998 年

4 月 6—10 日，职业技术教育分会在合肥召开分会会刊《水利职业技术教育》编委会二届一次会议。会议听取了工作报告、修订完善编委会工作条例，并就保证和提高会刊质量制定了一系列措施。

5 月 26—29 日，职业技术教育分会在陕西省水利技工学校召开水利水电技工学校教学、德育研讨会，与会代表就有关教学改革和素质教育方面的热点、难点问题进行了交流研讨。

6 月 20—26 日，职业技术教育分会在辽宁省水利学校召开水利水电中专学校 1998 年德育年会。会议交流了精神文明建设、素质教育、职业道德教育、德育工作和政治课改革与建设等方面的做法和经验，传达了水利部人事劳动教育司召开的《水利职业道德》（送审稿）审稿会情况及修改意见。

7 月 22—25 日，高等教育分会教学管理研究会第三次研讨会在内蒙古农牧学院召开。会议就“面向 21 世纪水利高等教育课程体系和教学内容的改革”“教学方法和教学手段的现代化问题”等进行了深入讨论，交流了各校教学管理和教学改革经验。

8 月 6—11 日，职工教育分会常务理事会暨评 1997 年度优秀研究成果会议在辽宁兴城召开。会议成立了分会学术委员会，推选分会原常务副理事长赵景欣同志为学术委员会主任委员。

11 月 14—18 日，职工教育分会及会刊研讨会在武汉召开。会议总结了《水利职工教育》创办十年来的成绩和经验，探讨改进意见，表彰为会刊作出贡献

的会员单位与编作者，并介绍了分会学术研究会成立情况及工作计划。

全国水利职工教育学会及会刊研讨会

全国水利职工教育学会及会刊研讨会

刊庆活动

全国水利职工教育学会及会刊研讨会

全国水利职工教育学会及会刊研讨会

学术活动

职工教育分会及会刊研讨会剪影

本年度，水利部人事劳动教育司多次商议加强和改进教育协会工作。周保志司长专门约见教育协会秘书长了解情况，听取意见。12 月，陈自强助理巡视员、有关处室负责人又与教育协会负责人举行联席会议，研究讨论如何充分发挥教育协会桥梁纽带作用，共同努力把水利教育工作做好。

1999 年

4月24—30日，高等教育分会思想政治教育研究会年会在南昌水利水电高等专科学校召开。会议总结回顾了近年来研究会的主要工作，并对在新形势下研究会如何开展师生思想政治教育提出了建设性意见。

5月6—8日，高等教育分会教学管理研究会第四次研讨会在西安理工大学召开。会议就“教师队伍建设”“资源水利与水利高等教育”等问题进行讨论并达成共识。

7月8—10日，职工教育分会水利企业职工教育协作研究会第二次主任委员扩大会议在广州召开，分会理事长赵景欣出席会议并作关于构建终身教育体系和素质教育的报告。会议分析了当前水利企业职工教育面临的机遇与挑战，针对职工学习积极性不高等问题进行分析，提出对策。

10月8—12日，高等教育分会第二次理事代表大会在昆明召开，审议通过了第一届理事会工作报告、《高等教育分会工作条例》，讨论了《中国水利教育协会章程》，选举了第二届理事会领导成员及理事。

1. 全体代表合影

2. 水利部人教司陈楚处长出席会议并讲话

3. 窦以松秘书长代表第一届理事会作工作报告

4. 河海大学索丽生副校长当选为第二届理事会理事长，图为索理事长讲话

5. 云南省水利厅谢副厅长出席闭幕式并发表热情讲话

6. 代表们热烈讨论第一届理事会工作报告，修改分会工作条例

（摄影：耿迎元　责任编辑：窦以松）

高等教育分会第二次理事代表大会剪影

10月28日—11月2日，职工教育分会常务理事扩大会议在济南召开，肯定了分会多年来取得的工作成绩，总结了水利职工教育经验，选举产生了理事会领导成员。

1999年职工教育分会常务理事扩大会议剪影

11月9—13日，职业技术教育分会第二届理事代表大会暨水利职业教育教学指导委员会成立大会在昆明召开。会议通过了分会第一届理事会工作报告、《中国水利教育协会职业技术教育分会工作条例》，选举产生了分会第二届理事会领导成员，交流了水利企事业单位加强职业教育培训、提高人才队伍素质的经验。

2000 年

5月9—12日，职业技术教育分会在浙江水电技工学校召开水利水电技工教育研究会会议，通过了修改后的研究会工作条例，推举产生了研究会内设机构组成人员，制订了研究会及各研究组近两年工作计划要点。

7月，职业技术教育分会高职教育研究会在山东蓬莱召开工作会议，本届高职研究会下设水利水电工程类等9个专业（研究）组。

7月，职业技术教育分会水利水电高职教研会召开成立大会，就全国高等职业教育发展的形势、高职的基本特征和培养模式等重要问题进行探讨，通过了《高职教研会工作条例》，成立了教研会组织机构。

中国水利教育协会职工教育分会常务理事扩大会议在乌鲁木齐召开

2000年职工教育分会常务理事扩大会议剪影

8月，职业技术教育分会在合肥召开中专教学研究会，本届中专教学研究会下设水利水电工程技术等6个专业（研究）组。

8月18—22日，职工教育分会常务理事扩大会议在乌鲁木齐召开，研究确定了2001年分会与学术研究会工作计划，评选表彰1998—1999年度水利职工教育优秀论文。

9月，教育协会受水利部人事劳动教育司委托组织编写的《中国水利教育50

年》正式出版。该书记载了新中国成立50年来，特别是改革开放20年来我国水利教育事业走过的光辉历程。

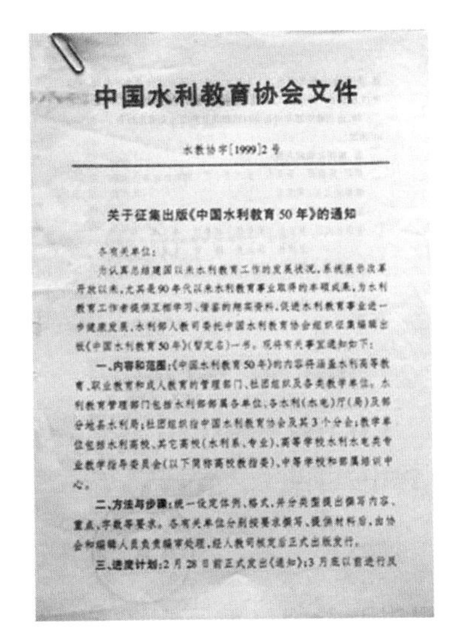

中国水利教育协会文件

水教协字[1999]2号

关于征集出版《中国水利教育50年》的通知

各有关单位：

为认真总结建国以来水利教育工作的发展状况，系统展示改革开放以来，尤其是90年代以来水利教育事业取得的丰硕成果，为水利教育工作者提供互相学习、借鉴的翔实资料，促进水利教育事业进一步健康发展，水利部人教司委托中国水利教育协会组织征集编辑出版《中国水利教育50年》（暂定名）一书。现将有关事宜通知如下：

一、内容和范围：《中国水利教育50年》的内容将涵盖水利高等教育、职业教育和成人教育的管理部门、社团组织及各类教学单位。水利教育管理部门包括水利部部属各单位、各水利（水电）厅（局）及部分地县水利局；社团组织指中国水利教育协会及其3个分会；教学单位包括水利高校、其它高校（水利系、专业）、高等学校水利水电类专业教学指导委员会（以下简称高校教指委）、中等学校和部属培训中心。

二、方法与步骤：统一设定体例、格式，并分类型提出撰写内容、重点、字数等要求。各有关单位分别按要求撰写、提供材料后，由协会和编辑人员负责编审处理，经人教司核定后正式出版发行。

三、进度计划：2月28日前正式发出《通知》；3月底以前进行反

《中国水利教育50年》封面和征集出版的通知文件

10月14日，职业技术教育分会水利中专学校管理研究会主任扩大会议在长江水利水电学校召开。

11月21日，职业技术教育分会德育研究会成立暨2000年德育年会在郑州水利学校召开。本届德育研究会下设政治理论课、精神文明建设、学生德育工作等3个专题研究组。

2001年

4月7—11日，职工教育分会学术研究会在福州召开会议，讨论确定了《水利职工教育论辑》编辑出版方案，通过了2001—2002年学术研究会工作计划，选举产生了学术委员会研究员，并颁发了聘书。

5月25日，教育协会在北京召开换届改选工作筹备会。水利部人事劳动教育司副司长陈自强、教育培训处处长陈楚，高等教育分会常务副理事长姜弘道、职工教育分会常务副理事长赵景欣、职业技术教育分会常务副理事长邵平江等出席会议。7月14日，又在北京召开常务理事扩大会议。

7月25—26日，教育协会第二次会员代表大会在哈尔滨召开，水利部原副部长朱登铨出席会议并讲话。会议选举水利部原副部长张季农担任名誉理事长、原副部长朱登铨担任理事长，人事劳动教育司副司长陈自强担任常务副理事长，人才资源开发中心副主任彭建明担任秘书长；讨论通过了第一届理事会工作报告、《中国水利教育协会学术委员会章程》《中国水利教育协会会费收缴、使用暂行办法》《中国水利教育协会章程》（修订稿）。

中国水利教育协会召开第二次会员代表大会

教育协会第二次会员代表大会剪影

7月，经中教国际教育交流中心批准，教育协会设立“中教国际教育交流中心水利行业工作站”，制定了《中教国际教育交流中心水

"干部教育培训质量评估制度研究"子课题

部门干部教育培训工作评估研究报告

课题负责人：陈自强

课题组成员：彭建明　承　涛　郭唐义　刘连英
董雅平　刘　英　祖　静　段　虹
黄晓红　谢红艳　李继忠　杜义国
施　昭　朱同琴　陈　环　王　浩
黄海江　付玉峰

部门干部教育培训工作评估研究课题组
2000年8月

"'提高干部教育培训质量研究'课题报告"封面

利行业工作站管理暂行办法》。

8月26—29日，职工教育分会与中国人力资源研究会等单位联合举办了"管理变革与人力资源开发战略高级研讨会"。

8月23日，教育协会组织有关人员重新修订并报出中组部"提高干部教育培训质量研究"课题报告。

9月5日，教育协会向民政部民间组织管理局递交《关于中国水利教育协会法人和章程变更的申请》。

10月22日，教育协会向水利部递交《关于变更业务主管单位的请示》（水教秘〔2001〕4号）。

10月25日，教育协会与中国水利报社联合举办的"新世纪水利教育与水利发展·水利院校长论坛征文活动"正式开始，陆续收到并发布多篇征文，取得明显成效。

10月31日，水利部部长汪恕诚为教育协会策划制作的《江河神韵—水利邮品珍藏纪念册》（简称《纪念册》）作序。《纪念册》集中展示新中国成立50年来水利领域的重大变化和水利建设取得的辉煌成就。

《江河神韵——水利邮品珍藏纪念册》

11月13日，民政部批准教育协会法定代表人由窦以松变更为彭建明。

12月，全国政协副主席钱正英为《江河

神韵——水利邮品珍藏纪念册》题写书名。

12月6—8日，教育协会与国家信息中心、中国水利报社等7个单位联合举办了“入世后的中国暨中国的水利电力高峰研讨会”。全国政协副主席陈锦华等一批高层领导、专家在大会进行主题演讲；朱尔明总工等水利方面的知名专家学者在水利电力分会场作专题讲座，与会议代表共同探讨中国入世后水利电力发展的有关问题。

12月12—26日，教育协会和水利部人才资源开发中心、中国农业大学管理工程学院联合举办的“公共管理硕士（MPA）专业学位研究生班”进行第一次集中面授，水利部直属单位和各水利（水务）厅（局）的45名学员参加了学习。

12月24—26日，职工教育分会在浙江省水电干校召开中教国际教育交流中心水利行业工作站首次工作会议暨新世纪水利教育结构与人才培养途径、方法的研究课题研讨会。

12月25日，教育协会承办中国成人教育协会委托的行业教育工作座谈会。10多个部委、行业组织共26人参加会议，共同研究探讨加强行业教育学（协）会作用的有关问题。

本年度，教育协会组织“新世纪水利教育结构与人才培养途径、方法研究”课题前期研究工作，并向全国教育科学办公室申请列入国家“十五”课题规划。

2002 年

1 月 25—27 日，教育协会学术委员会成立会议在广州召开。会议公布了学术委员会组成人员名单，窦以松任主任委员，赵景欣、邵平江任副主任委员。

2 月 7 日，水利部人事劳动教育司司长周英在《中国水利教育协会 2001 年工作总结暨 2002 年工作计划要点》签报上批示："在干部教育培训工作中，进一步发挥好教育协会的作用。"

3 月 28 日，职工教育分会向中国成人教育协会申报的 8 个"全国成人教育科学重点研究课题"经批准正式立项。

4 月，职业技术教育分会常务理事会和二届二次理事会会议在河南开封召开。会议交流了工作经验，讨论通过了《职业技术教育分会 2001 年工作总结》《职业技术教育分会 2002 年工作计划要点》等文件。

4 月，高等教育分会二届二次理事代表大会和 2002 年常务理事会在陕西杨凌召开。会议讨论了工作计划，评审表彰了优秀研究成果。同期，三个分会下设专业委员会、研究会也相继召开会议，积极安排、推动工作。

5 月 20—31 日，"公共管理硕士（MPA）专业学位研究生班"第二次面授在北京举行。

7 月中旬，教育协会在北京召开秘书长联席会，通报协会、分会上半年工作情况，总结成绩与不足，研究讨论下半年工作。水利部人事劳动教育司副司长陈自强出席会议并讲话。

职工教育分会第三届第三次常务理事扩大会议暨
2000—2001年度水利职工教育优秀论文评审会议照片

7月24—26日，职工教育分会第三届第三次常务理事扩大会议暨2000—2001年度水利职工教育优秀论文评审会议在银川召开。会议通报了分会2002年上半年工作计划落实情况，确定了下半年工作要点；调整、增补了分会常务理事；评选出优秀论文若干。

8月4—8日，教育协会在北京组织举办“水利教育干部研讨班”，来自30个单位的36名学员参加学习，研讨班对提高水利教育管理干部的理论水平和业务能力起到了积极作用。

8月，教育协会向“新世纪水利教育结构与人才培养途径、方法的研究”各子课题组负责人和有关单位印发课题进度计划等有关事项的通知，确定成果形式与完成日期。该课题由教育协会带头，全国教育科学规划领导小组批准，列入全国教育科学“十五”规划的部委重点项目。

10月28日，教育协会与河海大学联合主办“水利高等教育高层论坛”，水利部副部长索丽生出席论坛并讲话。

11月21日，教育协会印发通知，组织有关会员单位参加人民画报社、中国画报社《伟大的复兴》之《中国水利教育成就纪实篇》的编写工作。

11月24日，教育协会与北京工业大学分部培训部、北京计算机教育培训中心联合举办的第一期IT函数培训与考试工作正式启动。

12月下旬，教育协会在北京召开秘书长联席会，总结秘书处及各分支机构2002年工作，研究商订2003年工作计划。水利部人事劳动教育司副司长陈自强出席会议并讲话。

12月26—27日，教育协会第一届理事会期间（1995—2001年）水利教育优秀研究成果评审会议在北京召开。

本年度，根据工作需要，教育协会按有关程序向水利部、教育部及民政部申请将业务主管单位变更为水利部，经过数月努力，三个部委先后批复同意，业务主管部门由教育部正式变更为水利部。另外，为改善教育协会办公条件，教育协会秘书处搬迁到北京市白广路二条国调楼办公。

2003 年

1 月 17 日，教育协会印发《关于公布 1995—2001 年水利教育优秀研究成果评审结果的通知》（水教协〔2003〕001 号）。

7 月 24 日，教育协会印发通知，与中国水利水电出版社合作发行《世界水利邮品博览》，记录和展示水文化、水利史以及世界各国水利建设成就。

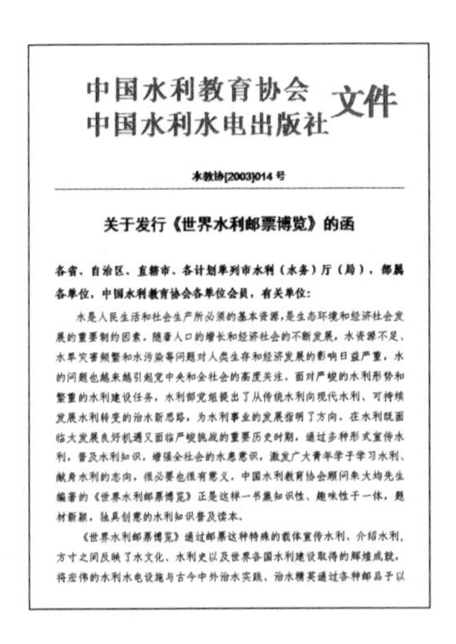

中国水利教育协会
中国水利水电出版社 文件

水教协[2003]014 号

关于发行《世界水利邮票博览》的函

各省、自治区、直辖市、各计划单列市水利（水务）厅（局），部属各单位，中国水利教育协会各单位会员，有关单位：

水是人民生活和社会生产所必须的基本资源，是生态环境和经济社会发展的重要制约因素。随着人口的增长和经济社会的不断发展，水资源不足、水旱灾害频繁和水污染等问题对人类生存和经济发展的影响日益严重，水的问题也越来越引起党中央和全社会的高度关注。面对严峻的水利形势和繁重的水利建设任务，水利部党组提出了从传统水利向现代水利、可持续发展水利转变的治水新思路，为水利事业的发展指明了方向。在水利既面临大发展良好机遇又面临严峻挑战的重要历史时期，通过多种形式宣传水利，普及水利知识，增强全社会的水患意识，激发广大青年学子学习水利、献身水利的志向，很必要也很有意义。中国水利教育协会顾问朱大均先生编著的《世界水利邮票博览》正是这样一书集知识性、趣味性于一体，题材新颖，独具创意的水利知识普及读本。

《世界水利邮票博览》通过邮票这种特殊的载体宣传水利、介绍水利，方寸之间反映了水文化、水利史以及世界各国水利建设取得的辉煌成就，将宏伟的水利水电设施与古今中外治水实践、治水精英通过各种邮品予以

关于发行《世界水利邮品博览》的函

《世界水利邮品博览》封面

8 月 7—10 日，职业技术教育分会高职教研会主任扩大会议暨水利高职高专协作会议在太原召开。会议就水利高职高专的改革发展进行了交流研讨，调整组建了高职教研会 6 个专业组和 30 个课程组，成立了水利水电高职高专教材编审委员会，制定了《水利水电高职高专教材建设指导委员会工作办法》。

9 月 13—20 日，教育协会与中国农业大学经济管理学院联合举办的“公共

管理研究生班（MPA）”在北京进行面授。

9月13—14日，教育协会承办的中国成人教育协会第三届理事会第一次学术委员会会议在北京召开。

9月21日，教育协会在北京召开水利部人事劳动教育司委托的《水利干部培训工作实务》编写工作会议，陈自强副司长出席并讲话。

9月25—27日，职业技术教育分会管理研究会年会在武汉召开，会议交流了17所院校的改革发展情况，着重围绕学校内部管理体制改革进行了深入探讨。

10月22—25日，职业技术教育分会德育研究会在合肥召开学生德育工作研讨会。会议交流研讨了加强学生道德教育、做好学生思想政治教育及校风学风建设等方面的经验和做法。

10月25—28日，职业技术教育分会中职教研会主任扩大会议在长江工程职业技术学院召开。会议研究确定了5个专业组和20个课程组的负责人。

10月31日—11月2日，教育协会组织人员赴大庆市水务局，对基层水利工程设计人员进行培训，培训内容为水利水电工程资本金制度及国民经济评价、财务评价和社会效益分析等。

11月8—10日，教育协会在河北邯郸召开“新世纪中国水利教育结构与人才培养途径、方法研究”课题论证会。会议听取各子课题组课题研究进展情况，审查修订子课题报告，研究论证了总课题报告。

本年度，为贯彻落实《党政领导干部选拔任用工作条例》，受水利部人事劳动教育司委托，教育协会承担了《公开选拔领导干部水利专业考试大纲》及“公开选拔领导干部水利专业考试试题库”建设工作。教育协会组织数十名专家，经数月的努力，完成了考试大纲的编制，于12月5日在北京召开考试大纲

水利领导职位专业考试大纲审查会照片

审查会议；教育协会还组织专家以考试大纲为基础，按照“公开选拔领导干部水利专业考试试题库命题要求”进行命题，经多轮修改完善，形成了“题库”的基本框架。

本年度，教育协会举办了“水利水电建设项目审批立项培训班”“现代灌区建设与管理培训班”“水利现代化建设战略研讨班”等培训、研讨班共10期，累计培训各类水利干部职工800多人次，得到有关部门的肯定和支持。

2004 年

3 月 2 日，教育协会在北京召开工作座谈会，总结交流秘书处及各分支机构、工作机构 2003 年工作情况，研究确定 2004 年工作思路和计划要点。水利部人事劳动教育司副司长陈自强、教育处副处长孙晶辉出席会议并讲话。

3 月 30 日，教育协会受水利部人事劳动教育司委托组织编写的《公开选拔领导干部水利专业考试大纲》正式出版发行，对贯彻落实《党政领导干部选拔任用工作条例》，进一步增强水利领导干部公开选拔、竞争上岗考试的科学性、规范性有着积极作用。

《水利干部培训实务》和《公开选拔领导干部水利专业考试大纲》封面

5 月底，教育协会完成了《水利干部培训实务》一书的后期汇总、统稿、审定等工作，正式出版发行，并在行业培训中推广使用，促进和规范水利干部培训工作进一步发展。

中国水利教育协会职教分会第三次会员代表大会照片

6 月 15—20 日，职业技术教育分会第二届理事会常务理事会议暨第三次会员代表大会在昆明召开。会议审议通过了第二届理事会工作报告和分会工作条例，选举产生了分会第三届理事会领导成员。

7月，根据教育部职业教育与成人教育司委托，教育协会组织编写出版《学习型组织创建实务》，积极适应全国性学习型组织创建工作需要。

《学习型组织创建实务》封面

7月9—13日，职业技术教育分会高职教研会专业组组长扩大会议在四川都江堰召开。会议就如何推动水利高职教育向更高水平发展进行了研讨，对修订专业教学计划、制订教学大纲、开发现代化教材等具体工作进行了安排。

9月15—17日，职工教育分会常务理事扩大会议在湖北葛洲坝举行。会议选举产生了分会理事会领导成员和常务理事，通过了分会工作条例修正案和第三届理事会工作报告，表彰了职工教育先进单位和先进工作者。

职工教育分会常务理事扩大会议剪影

9月19—20日，高等教育分会第三次会员代表大会在南京召开。会议总结了分会四年来的工作，表彰了先进工作者。

12月13—15日，职业技术教育分会中职研究会工作会议在浙江水利水电学校召开。会议就中职学校改革与发展有关问题进行了研讨，总结2004年工作，并提出了2005年工作计划。

本年度，教育协会共组织举办了“水务管理培训班”“水利现代化建设实务培训班”等7期培训，共培训各类水利干部职工560余人次，还为江西省举办水土保持课程班，为安徽、浙江、上海等省（市）举办远程教育培训班等。

2005 年

1月20—21日，教育协会在北京召开工作研讨会，总结秘书处及各分支机构2004年工作，研究2005年工作计划，审议通过教育协会先进单位及先进个人评选结果，还讨论了有关课题研究工作。中国水利学会李赞堂秘书长、水利部人事劳动教育司教育处处长孙晶辉出席会议并讲话。

2005年工作研讨会照片

2月3日，教育协会印发《关于表彰中国水利教育协会先进单位和先进工作者的通知》（水教协〔2005〕2号），对工作成绩突出的67个先进单位和111名先进工作者进行表彰。

2月22日，中组部领导干部考试测评中心和水利部人事劳动教育司正式委托教育协会组织编制《全国公开选拔党政领导干部考试大纲》水利专业科目考试内容和试题。教育协会组织专家命题并多次审查、修订，录入中央题库1700多道水利专业试题的命题和修订工作，被中组部列为精品工程。

3月14日，教育协会秘书处正式搬迁到北京市白广路北口水利部综合楼办公，办公条件明显改善。

3月20日，教育协会组织有关专家在水利部召开“机关公务员能力建设课题研究”座谈会，向水利部人事劳动教育司汇报课题进展情况，研究确定了课题框架和时间进度。

4月7日，教育协会向水利部人事劳动教育司报送《公开选拔领导干部水利专业考试试题库》及试题库智能应用系统。

5月9日，教育协会配合水利部人事劳动教育司召开《新编水利概论》编写座谈会，确定编写大纲和编写要求，经水利部领导同意后，正式启动编写工作。

7月19—21日，职业技术教育分会在敦煌举办“西部水利职业教育发展论坛”。

7月20日，水利部人事劳动教育司发出《关于推荐周保志同志为中国水利教育协会理事长人选的函》（人教干函〔2005〕28号）。随后，按照有关规定和程序，经教育协会理事会成员表决同意，教育协会理事长变更为水利部原党组成员周保志。

7月25—27日，教育协会召开“全国公开选拔领导干部水利专业试题审查会”，水利部人事劳动教育司副司长陈自强出席并讲话，中组部领导干部考试测评中心处长李天勇到会指导，有关领导和专家出席会议。

8月3—5日，教育协会在河北秦皇岛举办“水利人事教育管理干部专业理论研讨班”，水利部人事劳动教育司副司长陈自强出席开幕式，国家行政学院、人事部、中组部干部培训中心有关领导专家到研讨班授课，来自全国有关教育培训工作者100多人参加研讨。

水利人事教育管理干部专业理论研讨班照片

8月12日，民政部编号1205号《社会团体负责人备案表》同意教育协会理事长变更并备案。18日，教育协会印发《关于周保志同志担任我会理事长的通知》（水教协〔2005〕12号）。

9月14日，教育协会向中组部领导干部考试测评中心报送《全国公开选拔党政领导干部考试大纲》水利专业科目考试内容和试题。

10月17—18日，周保志理事长参加华东地区第二十届水利教育协作会。

10月26—27日，周保志理事长参加河海大学90周年校庆，并调研招生就业情况。

10月28日，周保志理事长参加河南省郑州水利学校建校50周年和华北水利水电学院水利职业学院成立3周年庆祝大会。

10月30日，教育协会被中国职工教育和职业培训协会评为“优秀会员单位”。

11月12日，教育协会参与主办的“首届中国培训发展论坛”在人民大会堂隆重开幕，周保志理事长代表20多个行业组织致辞。

12月13日上午，水利部副部长周英在人事劳动教育司司长刘雅鸣、副司长陈自强陪同下，到教育协会调研指导工作。周英副部长对教育协会围绕水利中心任务，在水利人才培养和推动水利教育事业发展方面取得的成绩给予充分肯定，并对教育协会长远发展提出希望。

水利部副部长周英到教育协会调研指导工作照片

12月19—20日，周保志理事长参加高等教育分会“十一五”水利高等教育攻关立项课题论证会和工作年会，并结合会议组织座谈，研究分会发展有关问题。

本年度，教育协会重点举办了农村水电站站长、乡镇水利站站长等专项培训，同时组织举办“和谐社会与水问题”“城乡供水与水处理技术”“水务企业资产评估”“水价核定与水价计收”等专题培训、研讨班，累计培训900余人次。

2006 年

1 月 16 日，教育协会在北京召开秘书长联席会，总结 2005 年工作，研究确定 2006 年工作计划。水利部人事劳动教育司副司长陈自强、教育培训处处长孙晶辉出席会议并讲话。

2 月 14 日，水利部人事劳动教育司司长刘雅鸣在教育协会工作总结上批示：“感谢教育协会 2005 年为水利人才培养所做的各项工作，2006 年我们将紧密配合，发挥协会的优势，围绕水利工作中心，更好地推动水利人才队伍建设。”

2 月 28 日，为加强水利人才培养工作指导、宣传和交流，在原分会会刊基础上整合更名的教育协会会刊《中国水利教育与人才》第 1 期正式发行。

《水利高等教育》《水利职业技术教育》《水利职工教育》《中国水利教育与人才》封面

3 月 2—3 日，教育协会在河海大学召开水利院校毕业生就业工作座谈会，周保志理事长出席。会议交流了各校毕业生到水利行业就业的基本情况和经验，研究探讨了引导水利院校毕业生到水利单位就业的有关问题。

水利院校毕业生就业工作座谈会照片

3月8日，教育协会在北京组织召开《新编水利概论》工作会议，对各篇、章、节进行修订、送审、统稿。

3月25—28日，周保志理事长参加职业技术教育分会中职教研会工作会议，着重就全国水利中等职业学校职业技能竞赛事宜进行商议，决定于本年11月在浙江水利水电学校举行首届全国水利中等职业学校职业技能竞赛。

5月24—26日，职工教育分会在广西北海召开常务理事扩大会议，周保志理事长出席并讲话。

职工教育分会2006年常务理事扩大会议照片

职业技术教育分会理事扩大会议照片

5月27日，职业技术教育分会理事扩大会议和教育部高职高专水利水电工程、水资源与水环境两个专业教学指导委员会成立大会在开封召开，周保志理事长出席并讲话。

6月2日，教育协会向浙江、甘肃、云南、贵州四省水利厅印发《关于开展农业水利技术专业（函授）大学专科学历教育有关事项的函》。

7月30日—8月4日，职业技术教育分会学校教育研究会2006年年会在长春召开。

8月15—18日，职工教育分会在贵阳举办水利人才队伍建设论坛，与会代表分析了水利系统人才队伍建设的现状、现代水利对人才队伍建设的要求和

“十一五”水利系统人才发展战略。

9月19日，水利部人事劳动教育司司长刘雅鸣一行到教育协会调研指导工作。

9月25日，经过近一年调研并结合水利院校长反映的情况，教育协会将水利教育近几年的进展和取得的成绩、存在的主要问题和建议加以研究，梳理形成《关于当前水利教育有关问题的情况反映》，报送水利部，引起部领导和主管部门重视。

9月28日，水利部人事劳动教育司司长刘雅鸣一行到教育协会就搭建水利院校毕业生就业信息平台、贯彻落实职业教育意见等问题进行调研。

10月18日，周保志理事长出席甘肃省水利水电学校50周年校庆大会，周保志理事长致辞。

10月27日，水利部副部长周英、人事劳动教育司司长刘雅鸣、巡视员陈自强一行到教育协会，听取当前水利教育有关问题的情况汇报。

11月9日，水利部人事劳动教育司巡视员陈自强、教育培训处处长孙晶辉到教育协会进行工作会谈，研究商定教育协会在水利人才培养中承担的主要工作内容和范围。

11月20—21日，职工教育分会在重庆举行的“2004—2005年度职工教育优秀研究成果评审会”，周保志理事长出席。

11月26日，周保志理事长出席河海大学常州校区办学20周年庆祝大会并讲话。

12月2日，“第二届中国培训发展论坛”在北京钓鱼台国宾馆召开，教育协会推荐的6个培训机构和8名先进培训工作者受到大会表彰，3个单位被教育部评为“创建学习型企业成绩突出单位”。

首届全国水利中等职业学校
职业技能竞赛照片

12月6日，教育协会在浙江省水利水电学校隆重举行首届全国水利中等职业学校职业技能竞赛。周保志理事长、水利部人事劳动教育司副司长侯京民等领导出席开幕式，来自15个院校的100多名选手参加了竞赛。本次竞赛是探索技能人才培养新途径的有效实践，开创了举办全国性行业职业教育技能竞赛的先河，具有重要的创新和奠基意义。

12月26—28日，彭建明秘书长赴广州参加全国水利人事劳动教育工作座谈会，会后陪同水利部人事劳动教育司巡视员陈自强一行到广东水利电力职业技术学院调研。

12月30日，水利部人事劳动教育司巡视员陈自强、教育培训处处长孙晶辉到教育协会商讨修订教育协会章程和理事会人员建议名单。

本年度，教育协会加强了《中国水利教育与人才》编辑部力量，改版后编辑发行了6期，以图文并茂的形式，及时对教育协会和会员单位的活动进行了报道，围绕水利人才队伍建设宣传各地区、单位的教育培训工作经验，得到主管部门和会员的好评。

本年度，教育协会面向行业举办了“水价核定与水价计收培训班”“小型水库管理人员培训班”“农村水电站站长高级研讨班”“水文站站长培训班”等培训研讨活动，累计培训学员400多人次；并与河海大学联合面向基层水利职工举办学历教育试点，探索开展基层学历教育的新途径。

2007 年

1 月 12 日，水利部副部长胡四一在人事劳动教育司副司长陈自强陪同下，到教育协会调研指导。胡部长充分肯定了教育协会的工作，并表示水利部将根据国家有关精神和水利行业实际情况，进一步明确教育协会的工作任务和职责，支持教育协会充分发挥作用，更好地为水利人才培养和水利事业发展服务。

胡四一副部长到教育协会调研指导工作照片

1 月 15—16 日，周保志理事长赴南昌工程学院参加教育部Ⅱ22－1 项目结题验收暨水利高校院（校）长恳谈会。周保志理事长对Ⅱ22－1 项目给予充分肯定，对南昌工程学院的快速发展给予高度评价，并对水利院校后备人才培养提出希望。

2 月 6 日，水利部印发《关于在水利人才培养中进一步发挥中国水利教育协会作用的通知》（水人教〔2007〕41 号），明确教育协会承担的工作包括：联系水利高、中等院校，开展水利院校（专业）人才培养能力统计分析、水利行业人才需求预测和人才培养规格的拟定工作；组织开展有关水利高等教育、职业教育和职工教育的课题研究工作；开展水利院校毕业生供求信息收集发布和咨询服务工作，引导毕业生到水利基层单位就业；开展水利专业技术人才继续教育和基层水利职工职业培训工作；协调水利院校开展基层水利职工的学历教育工作；拟定水利学科和专业建设的咨询意见和建议；参与国家对水利院校和专业的评估认证工作；开展水利院校（专业）教育教学信息的沟通和交流工作，主办《中国水利教育与人才》杂志；参与协调各类院校水利专业的教材建设工作；参与水利职业资格制度的建设工作。

2月6日，教育协会在北京召开秘书长会议，总结2006年工作，研究确定2007年工作计划，并围绕《关于充分发挥中国水利教育协会在水利人才培养中作用的通知》中的主要任务建言献策，研究落实。水利部人事劳动教育司巡视员陈自强出席会议并讲话，教育培训处孙晶辉处长和骆莉参加会议。

教育协会第三次会员代表大会照片

3月1—2日，教育协会第三次会员代表大会在北京召开，水利部部长汪恕诚发来贺信，水利部副部长周英、胡四一出席会议并作重要讲话，周保志作工作报告，180多名领导和代表参加会议。会议选举水利部副部长胡四一、原副部长朱登铨担任名誉会长，水利部原党组成员周保志担任会长，彭建明担任副会长兼秘书长。

3月29日，教育协会完成《水利专业技术人才知识更新工程实施对策与措施课题研究报告（送审稿）》，并报水利部人事劳动教育司。

4月6—19日，教育协会领导先后与水利部水资源司、农水司、机关党委、水电局、在京事业单位以及在京水利院校的部分常务理事进行座谈。

5月9—11日，高等教育分会组织的“科学发展、和谐发展与水利高等教育发展工作研讨会”在南京召开。周保志会长出席会议并讲话。会议研讨了水利高等教育各层次人才培养质量保障体系及分会各研究会的工作。期间还进行了

水利高等教育第七次科研成果评选。

职工教育分会 2007 年理事会议照片

5 月 17—19 日，职工教育分会理事会议在昆明召开，周保志会长出席会议并讲话。会议学习了水利部《“十一五”水利人才规划》等文件精神，对分会 2006 年工作进行总结，安排部署了 2007 年工作，讨论交流了人才培养工作，促进相互学习借鉴和共同提高。

6 月 4—6 日，职业技术教育分会高职教研会在广州举办“水利类高职高专院校长论坛”。全国 20 多所水利高职高专院校的 40 位院校领导和代表参加论坛。周保志会长出席并讲话。

全国水利类高职高专院校长论坛照片

第三届西部水利水电职教发展论坛暨
中等职业教育教学研究会年会照片

6 月 19 日，职业技术教育分会西部水利水电职业教育发展研究会第三届西部水利职业教育发展论坛暨中职教研会年会在昆明召开，周保志会长出席会议并讲话。会议交流探讨了各研究会的工作情况，研究如何落实水利部《关于大力发展水利职业教育的若干意见》，以及开展水利职业教育示范院校和示范专业建设有关问题。

8月7—10日，职工教育分会和《中国水利教育与人才》编辑部在山西太原举办《中国水利教育与人才》通信员暨水利教育管理骨干研讨班。

8月23日，教育协会向水利部人事劳动教育司报送《〈水利部关于大力发展水利职业教育的若干意见〉贯彻落实的情况反映》。

8月24日，水利部副部长翟浩辉到教育协会调研指导工作。

防汛抗旱与减灾高级研修班照片

10月22—27日，由人事部、水利部、中国科学技术协会联合举办，教育协会承办的“防汛抗旱与减灾高级研修班”在武汉成功举办。防汛抗旱与减灾方面的35名学术带头人和业务骨干参加研修学习。周保志会长、长江水利委员会领导、水利部人事劳动教育司领导、国家防汛抗旱总指挥部办公室领导等先后出席了开班典礼、结业典礼，并对研修班作出高度评价。

11月30日，教育协会组织举办的“全国水利院校学生水利知识竞赛活动报告会”在北京召开。水利部副部长胡四一、人事劳动教育司司长刘雅鸣出席会议。此次活动共有64所院校参加，收到答题卡82428份，在水利院校和水利行业内引起较大反响。

全国水利院校学生水利知识竞赛活动报告会照片

11月30日，水利部部长陈雷在教育协会《〈水利部关于大力发展水利职业教育的若干意见〉贯彻落实的情况反映》上批示：“水利职业教育工作要引起重视，纳入水利人才培养的重要日程。”

12月4—5日，教育协会在黄河水利职业技术学院举办第一届全国水利高职院校“黄河杯”技能大赛。全国21所高职院校的330余名优秀选手参赛，成为水利高等职业教育领域一大盛事。

第一届全国水利高职院校“黄河杯”技能大赛照片

12月21日，水利部部长陈雷在教育协会《关于希望参加水利部会议等事项的请示》上批示：“这是合理要求，有关社团组织参加厅局长会、中心组学习和部发文件等事宜，请办公厅加以明确。”

本年度，为向水利部领导和主管部门反映教育协会工作情况及行业教育动向，教育协会编辑印发了4期简报，通报了举办全国水利院校学生“浙江同济科技杯”水利知识竞赛、第一届全国水利高职院校“黄河杯”技能竞赛、“防汛抗旱与减灾工作高级研修班”等的情况，以及开设水利专业的各层次院校分类名单，较好地发挥了教育协会参谋助手作用，受到了水利部领导和有关司局好评。

本年度，教育协会举办了“水行政执法业务骨干培训班”“全国水文站站长培训班”“水利基层单位人力资源管理专题培训班”等9期培训班，累计培训学员900余人。在培训课程设置上，进一步提高针对性；在培训管理和服务上，为学员提供了适用的培训教材和授课专家课件，提高了培训质量，受到学员好评。

2008 年

1 月 15 日，教育协会在北京召开 2008 年度各分支机构、工作机构负责人会议。会议听取了各分支机构、工作机构 2007 年工作总结和 2008 年工作计划，研究确定了 2008 年重点工作内容及任务目标。水利部人事劳动教育司人才开发培训处处长孙晶辉出席会议并讲话。

为宣传展示水文化，回报社会各界对水利的关心支持，满足系统内集邮爱好者的需求，教育协会搜集筛选近几年发行的国内外水利邮票，以票图相映、图文并茂的形式，制作发行了《盛世水利——水利邮品珍藏纪念册》，纪念册由全国政协原副主席钱正英题写册名，水利部部长陈雷作序。

《盛世水利——水利邮品珍藏纪念册》

3 月 26 日，水利部人事劳动教育司发布《关于建设水利院校毕业生就业信息平台的通知》（人教培函〔2008〕14 号），正式委托教育协会建设水利院校毕业生就业信息平台，负责平台的日常管理和运行维护，了解人才需求状况和毕业生情况，收集、发布信息资料，为促进毕业生到水利单位特别是基层就业做好服务。

3 月 28 日，由职工教育分会组织的水利人才网络学历教育启动仪式在长江水利委员会人才中心举行，湖北有关地区近百名考生参加首批入学考试。

5 月 8 日，教育协会在前期调研论证基础上建设的“水利院校毕业生就业信息平台”正式开通运行。平台主要发布学生求职、岗位招聘信息和有关水利院校、用人单位资料、相关政策规定等信息，为引导毕业生到基层就业开辟了新途径。

“5·12”汶川大地震发生后，教育协会及时组织开展受灾水利院校对口援助工作。各水利院校积极响应支持，水利部副部长胡四一等领导、教育工作者，以及有关水利院校共捐款110多万元，为受灾院校恢复运转和灾后重建发挥了作用。

8月7日，为引导促进水利职业教育院校提高办学能力和水平，经过长时间的酝酿和调研论证，教育协会正式印发《关于开展水利职业教育示范院校建设工作的通知》（水教协〔2008〕16号）和《关于开展水利职业教育示范专业建设工作的通知》（水教协〔2008〕17号）。各水利职业教育院校高度重视，积极响应，9所高职高专院校、5所中职学校申报示范院校建设项目；11所高职学院申报了29个示范专业点建设项目；4所中职学校申报了9个专业点建设项目。经材料初审、专家网评、专家组实地考察评估，形成了第一批水利职业教育示范院校、示范专业建设初步方案，报水利部主管部门审核。

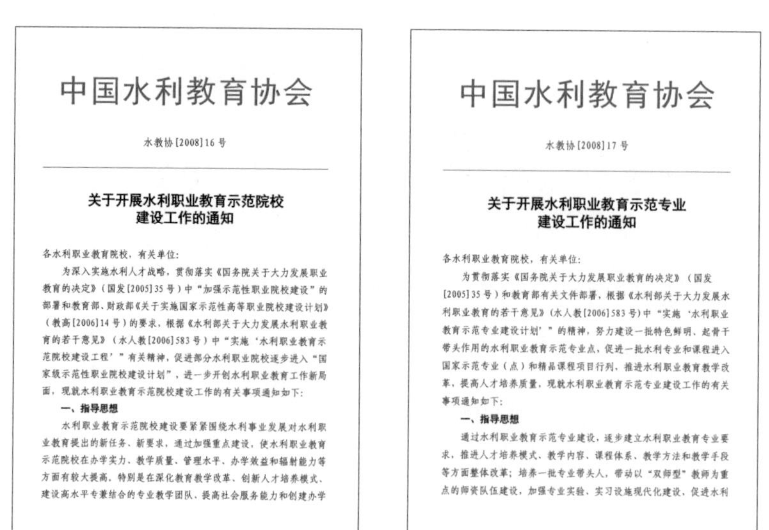
中国水利教育协会

水教协[2008]16号

关于开展水利职业教育示范院校建设工作的通知

各水利职业教育院校，有关单位：

为深入实施水利人才战略，贯彻落实《国务院关于大力发展职业教育的决定》（国发[2005]35号）中“加强示范性职业院校建设”的部署和教育部、财政部《关于实施国家示范性高等职业院校建设计划》（教高[2006]14号）的要求，根据《水利部关于大力发展水利职业教育的若干意见》（水人教[2006]583号）中“实施‘水利职业教育示范院校建设工程’”有关精神，促进部分水利职业院校逐步进入“国家级示范性职业院校建设计划”，进一步开创水利职业教育工作新局面，现就水利职业教育示范院校建设工作的有关事项通知如下：

一、指导思想

水利职业教育示范院校建设要紧紧围绕水利事业发展对水利职业教育提出的新任务、新要求，通过加强重点建设，使水利职业教育示范院校在办学实力、教学质量、管理水平、办学效益和辐射能力等方面有较大提高，特别是在深化教育教学改革、创新人才培养模式、建设高水平专兼结合的专业教学团队、提高社会服务能力和创建办学

中国水利教育协会

水教协[2008]17号

关于开展水利职业教育示范专业建设工作的通知

各水利职业教育院校，有关单位：

为贯彻落实《国务院关于大力发展职业教育的决定》（国发[2005]35号）和教育部有关文件部署，根据《水利部关于大力发展水利职业教育的若干意见》（水人教[2006]583号）中“实施‘水利职业教育示范专业建设计划’”的精神，努力建设一批特色鲜明、起骨干带头作用的水利职业教育示范专业点，促进一批水利专业和课程进入国家示范专业（点）和精品课程项目行列，推进水利职业教育教学改革，提高人才培养质量，现就水利职业教育示范专业建设工作的有关事项通知如下：

一、指导思想

通过水利职业教育示范专业建设，逐步建立水利职业教育专业要求，推进人才培养模式、教学内容、课程体系、教学方法和教学手段等方面整体改革；培养一批专业带头人，带动以“双师型”教师为重点的师资队伍建设，加强专业实验、实习设施现代化建设，促进水利

关于开展水利职业教育示范院校、示范专业建设工作的通知

职工教育分会 2008 年常务理事扩大会议照片

9 月 17—19 日，职工教育分会在西宁召开常务理事扩大会议，周保志会长出席会议并讲话。会议审议通过了新增补和更换的理事、常务理事及会员单位；讨论了如何做好水利院校毕业生就业平台、办好中国水利教育网站和《中国水利教育与人才》等事宜；评审了 2006—2007 年度职工优秀研究成果。

10 月 10 日，高等教育分会理事扩大会议在南京召开，周保志会长出席会议并讲话。会议总结了分会前一阶段工作，安排部署了下一步工作；审议通过了分会秘书处人员调整建议名单、分会各研究会设置初步方案，以及开展水利院校培养水利人才能力统计工作的初步意见。

“现代水利人才需求与培养”院校长论坛照片

10 月 11 日，教育协会在南京举办“现代水利人才需求与培养”院校长论坛，水利部副部长胡四一出席论坛并讲话，周保志会长致辞。水利高等院校领导、部分水利主管部门、企事业单位负责人和有关专家、学者等 170 余名代表参加论坛。论坛共收到 50 篇论文，23 位代表进行演讲。水利部网站对论坛进行了专题报道，中国水利报、中央政府网等多家媒体发布了论坛消息。

11 月 15—16 日，教育协会在杨凌职业技术学院成功举办第二届全国水利高职院校“杨凌杯”技能大赛。本次竞赛设 6 个项目，270 名优秀选手参加了理论和实操比赛，决出个人一、二、三等奖 136 名，单项团体奖各 3 名，综合团体奖

6名，优秀组织奖及组织奖若干名。

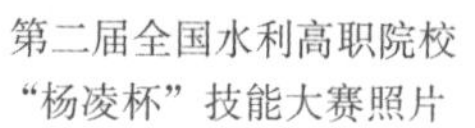
第二届全国水利高职院校
“杨凌杯”技能大赛照片

中国水利职业教育集团
成立大会照片

11月12—13日，为整合水利职业教育优势资源和力量，促进水利职业教育校企合作和人才培养，教育协会支持成立首个全国性行业职教集团——中国水利职业教育集团成立大会在黄河水利职业技术学院召开。会议选举产生了集团领导成员及理事，审议通过了《中国水利职教集团章程》，确定第一届理事会秘书处设在黄河水利职业技术学院。17所水利职业院校和83个知名企业成为集团首批会员单位。

本年度，教育协会进一步提高了培训工作的针对性和实用性，组织举办了“水土保持新技术与新规范培训班”“中小型水库管理人员培训班”“全国水行政执法人员培训班”和“城乡水环境整治与污染水体修复研修班”等培训研讨班，累计培训基层干部职工1000余人次，较好发挥了为基层水利人才培养服务的作用。

2009 年

1 月 19 日，教育协会在北京召开 2009 年度工作机构负责人会议，总结交流 2008 年工作，并对 2009 年工作计划进行研究讨论，明确工作内容和任务目标。水利部人事司人才开发培训处处长孙晶辉出席会议并讲话。

4 月 13 日，教育协会印发《关于遴选全国水利院校学生实习基地的函》（水教协〔2009〕4 号），通过遴选工作促进实践教学资源整合和推广，搭建水利水电企事业单位与水利院校沟通联系的桥梁，为水利院校人才培养提供良好服务。

5 月 11 日，水利部办公厅印发《关于公布全国水利职业教育示范院校建设单位和示范专业建设点的通知》（办人事〔2009〕444 号），首批建设单位正式开始示范建设工作，教育协会予以指导服务。

5 月 18 日，职业技术教育分会中职教研会和西部发展研究会在贵阳召开年会。会议安排部署了 2009 年西部水利水电精品课程建设和推广工作，通过了水利水电工程专业教学改革和教材建设方案，商定了教材编写和举办水利中职学生技能竞赛等事宜。

职教分会西部发展研究会和
中职教研会 2009 年年会照片

6 月，职业技术教育分会中职教研会研究确定了水利专业中职教材建设方案和工作计划，形成了 14 种拟开发教材的编写要求、时间进度计划、编写程序和指导性教学计划（征求意见稿）等，并召开教材编写会议，正式启动教材编写工作。

7月，职业技术教育分会管理研究会在哈尔滨召开年会，研究职业教育管理创新等工作。

7月4—6日，在教育协会支持指导下，水利职业教育集团在山东水利职业学院召开就业工作经验交流与研讨会。部分院校做了就业工作经验典型发言，会议邀请专家做“高职院校职业发展与就业指导课程教学设计”讲座，还进行了论文评选。

7月7—9日，职业技术教育分会德育研究会2009年年会在杭州召开。与会人员就德育工作和思政工作的情况进行了交流，期间还进行了论文评选。

8月，教育协会委托职工教育分会与长江水利委员会人才资源开发中心联合武汉大学及有关水利厅局，面向基层职工开展水利水电工程专业远程网络学历教育试点。经分会积极组织、深入调研，与行业相关单位联系合作，数百名基层职工经考试入学参加学习。

8月14日，教育协会根据现代水利人才需求与培养院校长论坛论文及发言，认真分析研究，归纳出应当重点关注与着力培养的5类现代水利人才和7个方面的培养途径与方法，形成《水利高校培养现代水利所需人才的研究报告》呈送陈雷部长。陈雷部长在报告上批示：“这份报告很好，请人事司阅，亦可在《中国水利》杂志上刊登。”随后，《中国水利》刊登了该研究报告。

8月15—16日，高等教育分会与教育部高等学校水利学科教学指导委员会以“绿色水利”为主题，以“水的应用、水利结构和水力机械三类创新设计与制作”为内容联合举办首届全国大学生水利创新设计大赛，30多所水利院校的325名学生参加决赛。大赛对提高水利院校学生的创新能力和实践能力具有重要

首届全国大学生水利创新设计大赛合影

作用，受到水利部、教育部领导和师生们高度评价，《新华日报》《中国水利报》等多家媒体进行了系统报道。

8 月 15—16 日，高等教育分会与教育部高等学校水利学科教学指导委员会联合举办首届全国水利学科青年教师讲课竞赛，34 所学校的 62 名青年教师进入决赛。竞赛对培养青年骨干教师，促进教学内容、教学方法和教学手段的改革，推动水利学科教学质量的提高具有重要意义。

8 月 15—17 日，高等教育分会与教育部高等学校水利学科教学指导委员会联合举办首届全国水利优秀毕业生评选，经学校推荐、投票评审等程序，从 38 所水利高等院校推荐的 60 多名学生中评选出 20 名学生为“全国水利优秀毕业生”。

高等教育分会暨高等学校水利学科教学指导委员会全体会议照片

8 月 17 日，高等教育分会与教育部高等学校水利学科教学指导委员会在河海大学成功举办“名师论坛”，周保志会长出席并致辞。教育部原副部长、中国高等教育学会会长周远清教授和首届国家教学名师奖获得者清华大学范钦珊教授、华中科技大学李元杰教授、河海大学赵振兴教授分别作报告。通过全国教学名师的示范教学活动，向广大青年教师言传身教，对提高水利院校的教育教学水平、提升水利高等教育质量很有意义。

8月17日，高等教育分会全体会议在河海大学举行，周保志会长出席会议并讲话。会议选举产生了分会第四届理事会领导成员，确定各研究会主任、副主任单位。

8月26—28日，职工教育分会理事扩大会议在长沙召开。周保志会长、水利部人事司副司长侯京民等领导出席会议并讲话。会议修改并审议通过了《中国水利教育协会职工教育分会工作条例》，选举产生了分会新一届领导机构、常务理事会、理事会。期间举办了“水利基层人才培养论坛”，46篇探讨水利基层人才培养的论文汇编入文集，与会领导、代表就水利基层单位人才培养和引进等方面的困难与问题进行了交流研讨，提出了很多意见和建议，取得了较好效果。

10月31日—11月4日，教育协会在北京成功举办首期“市县水利局长培训班”，周保志会长、水利部人事司副司长侯京民出席开班式，聘请了水利部相关领导和专家进行专题讲座，达到了培训预期效果。

首期市县水利局长培训班照片

11月7—8日，教育协会在湖北水利水电职业技术学院成功举办第三届全国水利高等职

第三届全国水利高等职业院校
"楚天杯"技能大赛照片

业院校"楚天杯"技能竞赛，设5个竞赛项目，20所水利水电类高职高专院校的260余名学生参赛，决出个人一、二、三等奖共129名，单项团体奖各3名，综合团体奖6名，组织奖若干名。本次竞赛初步形成了5个项目的竞赛试题库并开始使用。

11月21日，教育协会在河南省郑州水利学校举行第二届全国水利中等职业学校"中原杯"技能竞赛。来自全国12所水利中等职业学校的113名学生参加竞赛。3个竞赛项目共决出个人一、二、三等奖共64名，单项团体奖各3名，综合团体奖4名，组织奖若干名。

第二届全国水利中职学校
"中原杯"技能竞赛照片

11月29日—12月1日，职业技术教育分会第四次会员代表大会在山西水利职业技术学院召开，周保志会长出席会议并讲话。会议选举产生了分会新一届理事会领导成员，期间还举办了水利职业教育示范建设一周年成果展，展示水利职业院校为提高水利人才培养水平所作的努力，以及水利职业教育示范建设一周年的成绩。

职教分会第四次会员代表大会照片

12月2—3日，职工教育分会水利企业职工教育协作研究会工作会议在河北保定召开。会议总结了研究会几年来的工作，研究制定了下一步工作计划，各会员单位总结了本单位教育培训工作经验，介绍了本单位自编教材情况，并就加强企业培训交流、实现培训资源互惠共享、建立“水利企业教育协作平台”等事宜进行了讨论。

12月31日，水利部副部长周英在《中国水利教育协会与教育部高等学校水利学科教学指导委员会联合开展多项活动》简报上批示：“此项活动是学校理论与实践相结合教学的一种尝试，对培养学生的创新能力，提高学生解决实际问题的能力等具有重要意义。要很好地总结宣传，同时还可在推广成果应用上做些工作。”

本年度，根据水利部大规模培训干部和加强基层职工培训的有关精神，针对基层水利发展需要和人才队伍现状，教育协会面向基层举办了“市县水利局长培训班”“水文站站长培训班”和“乡镇水利站站长培训班”等10多期培训班，培训基层单位领导和专业技术人员1000人次，符合基层负责人渴望提高专业知识的需求，在行业中引起较大反响，受到普遍好评。

2010 年

2月1日，教育协会在北京召开2010年度工作机构负责人座谈会，总结回顾2009年工作情况，研究部署2010年工作计划，并就重点工作进行了深入研究讨论，进一步统一思想、理清思路，明确了工作内容和目标任务。水利部人事司人才开发与培训处处长孙晶辉出席会议并讲话。

3月9日，职工教育分会2010年度工作座谈会在武汉召开。会议就职工教育分会、《中国水利教育与人才》期刊、中国水利教育网、水利院校毕业生信息平台等工作进行了研究探讨。

3月19日，教育协会遴选出一批水利院校学生实习基地，报水利部主管部门审核批准后，水利部办公厅正式印发《关于公布全国水利院校学生实习基地名单的通知》（办人事〔2010〕56号），确定了嫩江尼尔基水利枢纽工程、黄河万家寨水利枢纽工程等50个全国水利院校学生实习基地，为水利院校学生实习实训提供了资源和渠道。

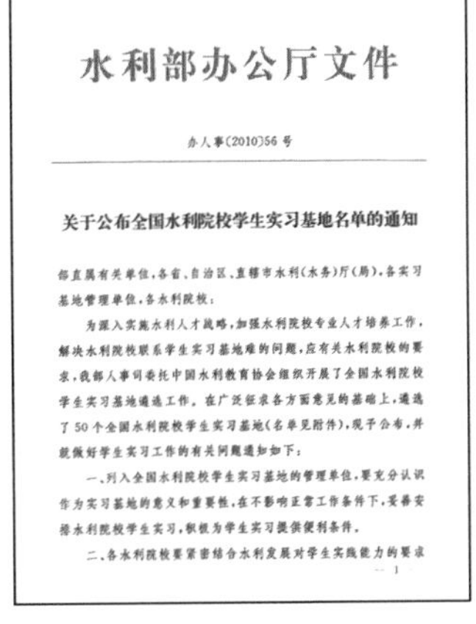

水利部办公厅文件

办人事〔2010〕56号

关于公布全国水利院校学生实习基地名单的通知

部直属有关单位，各省、自治区、直辖市水利（水务）厅（局），各实习基地管理单位，各水利院校：

为深入实施水利人才战略，加强水利院校专业人才培养工作，解决水利院校联系学生实习基地难的问题，应有关水利院校的要求，我部人事司委托中国水利教育协会组织开展了全国水利院校学生实习基地遴选工作。在广泛征求各方面意见的基础上，遴选了50个全国水利院校学生实习基地（名单见附件），现予公布，并就做好学生实习工作的有关问题通知如下：

一、列入全国水利院校学生实习基地的管理单位，要充分认识作为实习基地的意义和重要性，在不影响正常工作条件下，妥善安排水利院校学生实习，积极为学生实习提供便利条件。

二、各水利院校要紧密结合水利发展对学生实践能力的要求

— 1 —

《关于公布全国水利院校学生实习基地名单的通知》

3月12日，职业技术教育分会印发《关于配合研究制定〈农业职业教育支撑现代农业发展能力提升计划〉的补充通知》，向各水利类中职学校征求对《农业职业教育支撑现代农业发展能力提升计划研究方案》的意见和建议。

3月22日，教育协会印发《关于公布全国水利院校学生实习基地双方权益

义务和院校联系人的通知》（水教协〔2010〕4号），进一步为水利院校学生实习实训提供服务。

5月，高等教育分会与教育部高等学校水利学科教学指导委员会共同举办了第二届全国水利优秀毕业生评选、第二届全国水利学科青年教师讲课竞赛。

第二届全国水利学科青年教师讲课竞赛照片

5月7日，第一次全国水利普查工作座谈会在南京召开，在教育协会联系协调下，相关水利院校参会。

5月11日，教育协会在北京召开水利人才队伍建设“十二五”规划课题研讨会，对《院校水利后备人才培养研究》《以人才资源能力建设为中心，完善水利教育培训体系》和《水利中等职业教育支撑现代农业提升计划研究报告》进行研究讨论。周保志会长、彭建明秘书长和有关水利厅局、流域机构、院校的领导及专家等近20人参加会议。

6月9—12日，职工教育分会2008—2009年度全国水利职工教育研究成果评审会在湖北恩施召开，经有关程序，共评出60篇优秀研究成果。

8月1—3日，高等教育分会四届二次理事大会暨教育部高等学校水利学科教学指导委员会三次全体（扩大）会议在内蒙古农业大学召开，周保志会长出席会议并讲话。会议审议通过了《高等教育分会2009年工作报告》，

高等教育分会四届二次理事大会暨教育部高等学校水利学科教学指导委员会第三次全体（扩大）会议照片

并提出今后工作的总体思路和重点。

8月7—10日，职业技术教育分会管理研究会和西部职教发展研究会年会在云南召开。会议就水利职业教育发展建设展开研讨，并进行经验交流。

10月23—24日，职业技术教育分会德育研究会在合肥召开院校学生思想政治教育工作交流会。会议评选了德育工作优秀论文，审议了水利院校校园文化建设优秀成果评选方案。

10月27日，教育协会在北京组织召开全国水利职业教育示范专业建设审议会议，审议了第二批示范院校建设单位和示范专业建设点名单。

职工教育分会2010年常务理事扩大会议照片

10月28—31日，职工教育分会2010年常务理事扩大会议在江苏苏州召开，周保志会长、水利部人事司副司长侯京民出席会议并讲话。

11月27—28日，教育协会在西安理工大学举办“2010现代水利工程国际学术会议”。300余名代表参会，7位权威专家做主题报告。活动共收到200多篇投稿，130多篇论文汇编出版中、英文论文集，80多篇论文被ISTP和EI检索录用，取得较好成果，受到水利部领导批示肯定。

2010年现代水利工程国际学术会议照片

12月3—5日，职业技术教育分会校企合作研究会年会在广州从化召开。会议对校企合作进行了研讨，并评选了校企合作优秀论文。

第四届全国水利高等职业院校
“南粤杯”技能大赛照片

12月4—5日，教育协会在广东水利电力职业技术学院举办第四届全国水利高等职业院校“南粤杯”技能大赛。19所院校的317名选手参加6个项目的角逐，决出个人特等奖及一、二、三等奖若干名，单项团体奖、综合团体奖、组织奖若干。本次大赛首次尝试理论考试电脑机考、电脑现场评分，并首次尝试邀请用人单位到竞赛现场进行招聘，数百名学生与企业招聘人员咨询、洽谈，300人与50家企业签订了就业意向书，其中20余名为参赛选手。

本年度，教育协会以职业教育专业教材为突破口，有效推进水利专业教育教材编写出版工作，策划组织14本中职、12本高职水利专业教材列入水利行业规划教材系列，并出版有“中国水利教育协会策划组织”“全国水利行业规划教材”标识的中高职教材10余册，对院校课程改革、教材建设和行业人才培养具有积极意义。

本年度，教育协会积极开展调查研究，在主动参与“水利人才队伍‘十二五’规划”“‘十二五’水利干部培训规划”编制、修订的同时，承担完成了“水利院校培养后备人才研究”和“完善水利教育培训体系”等课题研究工作；受水利部人事司委托，组织有关水利职业院校，经大量调研、分析汇总、反复修改，完成了教育部“职业教育涉农专业提升计划”课题。

本年度，教育协会针对基层水利发展需要和人才队伍现状，在有关司局支持指导下，面向基层举办了6期县（市）水利局长、水文站长、乡镇水利站长、农村水电站长等培训班，共培训700多名基层水利单位一线负责人，对提高负责人专业知识和业务能力做出了积极贡献。

2011 年

1 月 10 日，教育协会在北京召开 2011 年度各分支机构、工作机构负责人会议。会议总结了 2010 年工作，研究讨论了 2011 年工作计划，明确了工作内容、目标任务和各自的重点、亮点工作。水利部人事司人才开发与培训处处长孙晶辉、副处长骆莉参加会议并讲话。

2011 年度各分支机构、工作机构负责人会议照片

1 月 14 日，水利部部长陈雷在《中国水利教育协会举办 2010 现代水利工程学术会议》简报上批示："中国水利教育协会围绕中心，服务大局，工作很有成效。新的一年要再接再厉取得新的进展。"

1 月 25 日，水利部副部长胡四一在《中国水利教育协会 2010 年工作情况汇报》上批示："2010 年水利教育协会在服务水利发展、培训基层干部、引进专业人才、指导院校建设、鼓励科技创新等方面做了大量卓有成效的工作，有效发挥了协会平台对水利教育发展的联系、引导和指导作用，望 2011 年取得新的进展，为现代水利、民生水利提供坚实的智力支撑和人才保障。"

4 月 11 日，教育协会与河海大学在北京联合召开基层水利职工培训工作研讨会。就如何做好基层水利职工培训工作提出宝贵意见和建议，研究了基层职工培训工作方案，明确了进度计划和任务。周保志会长、水利部人事司侯京民副司长、河海大学鞠平副校长出席会议并讲话。水利部人事司人才开发与培训处孙晶辉处长和有关省（市）水利厅人事教育主管部门负责人、部分水利院校领导和专家参加研讨会。

基层水利职工培训工作研讨会照片

5月，高等教育分会启动“十二五”水利高等教育专项课题研究工作，广大会员单位积极响应，四川大学等8所高校共申报了16项课题。

5月25日，水利部印发《落实中央一号文件任务分工实施方案》，明确了由水利部人事司指导教育协会等有关单位开展学科建设、教材建设、人才实训基地建设；委托教育协会组织开展大中专院校水利类专业教材建设等。

5月30日，为进一步加强水利职业院校校园文化建设，营造水利特色突出、健康向上、充满活力、体现创新精神的育人氛围，教育协会印发《关于开展全国水利职业院校校园文化建设优秀成果评选的通知》（水教协〔2011〕10号）。

6月8日，水利部副部长周英在《关于首届全国大学生水利创新设计大赛作品成果推广应用情况的汇报》上批示：“这项活动抓得很好，抓出了成效。这既是学校实行理论与实践相结合教学改革的有益尝试，也是提升学生创新能力、培养能与水利发展相适应的有用人才的有效途径。我们不仅要很好地总结宣传，而且要尽可能地给予支持。”

6月9日，在中国职工教育和职业培训协会第五届会员代表大会上，职工教育分会荣获职工教育和职业培训科研成果评选活动“优秀组织单位”。

6月16日，教育协会印发文件，组织广大水利院校师生参加水利部2011年中央一号文件知识竞赛，全国水利职教名师、全国水利职教教学新星评选表彰，“十一五”水利教育优秀研究成果评选。

7月，高等教育分会与教育部高等学校水利学科教学指导委员会联合组织第三届全国水利优秀毕业生评选、首届全国水利院校十佳未来水利之星评选活动。

7月7日，教育协会与河海大学联合印发《2012现代水利工程学术会议征文通知》（水教协〔2011〕16号），引导水利院校师生、专家学者和专业技术人员围绕现代水利工程技术建言献策，推动水利科技创新。

第二届全国大学生水利创新设计大赛照片

7月20—22日，高等教育分会和教育部高等学校水利学科教学指导委员会在武汉举行第二届全国大学生水利创新设计大赛，45所院校的800多名师生及141项作品参加决赛，评出特等奖16项、一等奖32项、二等奖72项，22名指导教师获得“优秀指导教师奖”，30所高校获得“优秀组织奖”。

高等教育分会四届三次理事大会暨教育部高等学校水利学科教学指导委员会第四次全体（扩大）会议照片

7月23日，高等教育分会四届三次理事大会暨教育部高等学校水利学科教学指导委员会第四次全体（扩大）会议在三峡大学隆重召开，周保志会长出席会议并讲话。会议审议了分会2010年工作报告，审议通过了高等学校水利学科本科专业介绍，检查了水利学科专业“十一五”教材建设完成情况，研讨“十二五”水利学科教材规划，交流了水利学科专业教学改革与建设情况。

7月26—29日，教育协会在成都市举办了中国水利教育协会会刊、网站通信员培训班。水利部人事司副司长侯京民出席开班式并授课，来自水利系统的通信员和教育培训业务骨干80余人参加培训。

9月16—20日，教育协会承办的全国县市水利局长示范培训援藏培训班在拉萨成功举办。来自西藏各地、县市的64名水利局长参加了培训。

10月20—21日，教育协会在甘肃省水利水电学校举行第三届全国水利中等职业学校“敦煌杯”技能竞赛。13所水利中等职业学校的139名学生参加了5个项目的竞赛，决出个人一、二、三等奖及团体奖项若干名。

全国县市水利局长示范培训援藏班照片

第三届全国水利中等职业学校
“敦煌杯”技能竞赛照片

10月13—19日，水利部决定启动“万名县市水利局长培训计划”后，由教育协会承办的首期全国县市水利局长示范培训班在北京举办。水利部部长陈雷出席开班暨万名县市水利局长培训计划启动仪式并作重要讲话。全国75名县市水利局长参加培训。

万名县市水利局长培训计划启动仪式照片

10 月 27 日，职工教育分会 2011 年理事会在太原召开，周保志会长出席会议并讲话。会议针对水利人才现状、高层次专业技术人才选拔培养工作，组织交流了网络教育、基层水利职工教育、高层次专业技术人才选拔培养等工作经验，探讨了职工教育发展趋势和要求。

11 月 5—6 日，教育协会在浙江水利水电专科学校举办“第五届全国水利高等职业院校‘钱江杯’技能大赛”。21 所院校的 309 名学生参加了 6 个项目（工种）的比赛。本届竞赛设计了大赛徽标，开发了竞赛会务报名管理和竞赛赛务管理系统。在水利部人事司的大力支持下，3 个工种获特等奖的学生获颁技师职业资格证书。

第五届全国水利高等职业院校
“钱江杯”技能大赛照片

11 月 10 日，经初审、评选、审核等有关程序，教育协会从 23 所院校申报的 28 个水利职业院校校园文化建设成果中评选出 15 项优秀成果，正式印发《关于公布全国水利职业院校校园文化建设优秀成果名单的通知》（水教协〔2011〕

22号）。

12月29日，经各会员单位自评、推荐，分会审查初评，教育协会评选出60个优秀会员单位和78位优秀工作者，正式印发《关于表彰中国水利教育协会优秀会员单位和优秀工作者的通知》（水教协〔2011〕28号）。

中国水利教育协会

水教协〔2011〕28号

关于表彰中国水利教育协会优秀会员单位和优秀工作者的通知

各会员单位：

“十一五”期间，各会员单位、理事和协会工作积极分子、专兼职工作人员、分支机构骨干等广大水利教育工作者开拓进取，辛勤耕耘，取得了可喜成绩，推动了协会工作健康持续发展，为水利人才队伍建设和水利教育事业发展做出了积极贡献。

为鼓励广大会员单位和水利教育工作者继续为发展水利教育事业作出更大贡献，经主管部门同意，我会组织了优秀会员单位和优秀工作者的评选。经各会员单位自评、推荐、申报，分会汇总审查和评选后，我会聘请有关水利高等院校、职业院校、流域机构、水利厅等水利单位（部门）专家、代表组成专门评审委员会，对各分会

— 1 —

《关于表彰中国水利教育协会优秀会员单位和优秀工作者的通知》

本年度，教育协会结合基层水利实际需求，在有关司局的支持指导下，先后组织多期乡镇水利站站长、水文站站长等基层站所长培训，还组织多期基层专业技术人员培训，全年共培训学员1000多人次，受到相关司局、各级水利部门和学员们的普遍好评，深受基层欢迎。

本年度，教育协会在组织开展水利类专业教材建设、专业建设等方面取得了新的成果：为不断规范水利院校水利类专业教材编写出版，组织有关院校和专家对“十二五”水利院校教材建设规划进行深入研究，形成研究报告，明确了教材建设规划思路，为进一步满足水利院校教育教学改革和水利人才培养需要奠定了基础；出版了11本有“中国水利教育协会策划组织”“全国水利行业规划教材”标识的高职高专水利类教材，组织编写完成7本水利职工专业培训教材，推进了水利专业教育教材编写出版工作；按照教育部高职教学改革要求，制定新的水利主干专业人才培养方案，报教育部备案并在水利骨干示范高职院校进行教改试点；组织制定水利职业教育“岗·课·证”相融通，立足于“校企合作、工学结合”培养方法的水利专业人才培养方案，并编写配套教材和教辅材料，开展水利专业骨干教师培训和教师职业技能鉴定员培训认证，进行推广应用。

2012 年

1 月 9 日，教育协会对第一批水利职业教育示范建设单位进行评估验收，将结果报送水利部，水利部办公厅印发《关于公布全国水利职业教育示范院校建设单位和示范专业建设点验收结果的通知》（办人事〔2012〕7 号），公布了通过验收的 12 所示范院校建设单位和 30 个示范专业建设点。

2 月 16 日，教育协会在北京召开 2012 年工作座谈会，总结交流 2011 年工作情况，研究讨论 2012 年主要工作任务，并就改进“水利院校毕业生就业信息平台”等重点工作进行研究讨论。水利部人事司副司长侯京民出席会议并讲话，人才开发与培训处处长孙晶辉参加会议。

水利职业教育工作座谈会照片

2 月 22—23 日，教育协会在北京召开水利职业教育工作座谈会，围绕修订《水利部教育部关于进一步推进水利职业教育改革发展的意见》进行了研究探讨，明确并分解落实全国水利职业教育工作会议的前期准备工作。周保志会长，水利部人事司副司长侯京民、教育培训处处长孙晶辉，有关水利院校领导等 40 余人出席会议。

3 月 1 日，在水利部人事司指导下，教育协会与中国水利水电出版社多次座谈协商，就共同加强水利类教育培训教材建设形成共识，签署《关于合

教育协会与中国水利水电出版社
签署合作框架协议照片

作组织出版水利教育培训教材的框架协议》。

3月9—11日，教育协会与河海大学在南京联合举办“2012现代水利工程学术会议”，300多人参会，先后有1000多人投寄425篇论文，152篇论文结集出版并被EI检索收录。

2012年现代水利工程学术会议代表合影

3月22日，高等教育分会与教育部高等学校水利学科教学指导委员会联合发文，组织开展第四届全国水利优秀毕业生和全国水利院校第二届十佳未来水利之星评选。

4月9日，为总结水利职业教育取得的成绩，加强推广宣传，进一步为全国水利职业教育工作会议做好准备，教育协会印发《关于编印水利职业教育成果展示画册的通知》（水教协〔2012〕11号）。

5月2日，教育协会印发《关于报送全国水利职业教育工作会议交流材料等事项的函》（水教协〔2012〕12号），向有关单位征集水利职业教育成果展示和经验交流材料。

5月16—18日，职工教育分会在恩施组织开展水利职工教育优秀研究成果评审，评出一等奖11名、二等奖22名、三等奖32名、优秀奖若干名、优秀组织奖7名。

6月15日，为进一步提高德育工作队伍整体素质，调动广大德育工作者的积极性，更好地为水利事业培养高素质合格人才，教育协会印发《关于开展全国水利职业院校优秀德育工作者评选表彰活动的通知》（水教协〔2012〕14号）。

6月19日，水利部部长陈雷在教育协会报送的《水利院校贯彻落实2011年中央一号文件精神概况》简报上批示："中国水利教育协会围绕中心、服务大局，结合中央水利工作会议精神和中央一号文件的落实，积极主动地做了大量卓有成效的工作。要充分发挥水利院校的优势，为水利改革发展提供更加有力的支持。"

6月26—28日，职工教育分会2012年常务理事扩大会议在江苏常州召开。会议审议通过了分会2011年工作报告，布置了下一步重点工作，交流探讨了基层水利人才培养工作经验。

职工教育分会2012年常务理事扩大会议照片

8月2日，高等教育分会四届四次理事大会暨教育部高等学校水利学科教学指导委员会第五次全体（扩大）会议在长春工程学院召开，周保志会长出席并讲话。期间举行了第三届全国水利学科青年教师讲课竞赛、全国水利院校第二届十佳未来水利之星、第四届全国水利优秀毕业生颁奖仪式。与会代表还围绕水利学科专业核心课程、“十二五”规划教材建设情况和水利学科专业建设等问题进行讨论。

高等教育分会四届四次理事大会

8月上旬，职工教育分会企业职工教育协作研究会工作会议在河北承德召开。会议传达了分会2012年常务理事扩大会议精神，总结了研究会近年来的工作，调整了研究会领导人员，对《水利企业职工教育协作研究会管理办法》进行了讨论修改。

9月29日，经申报、评审、复核，教育协会从30所院校报送的候选教师中评选出38名“全国水利职业院校优秀德育工作者”，印发《关于公布全国水利职业院校优秀德育工作者的通知》（水教协〔2012〕27号）。

11月16—18日，教育协会在安徽水利水电职业技术学院举办第六届全国水

第六届全国水利高等职业院校
“江淮杯”技能大赛照片

利高等职业院校“江淮杯”技能大赛。22 所水利水电高职高专院校的 303 名选手参加了 6 个竞赛项目（工种）的决赛，4 个工种获特等奖的选手获得技师职业资格证书。竞赛项目水利行业特色突出，赛事组织进一步规范，规模和影响力进一步扩大。

11 月 27—28 日，水利职业教育集团第二届理事大会在从化召开。会议审议并通过了《第一届理事会工作报告》和《中国水利职教集团章程》，选举产生了新一届理事会领导成员，周保志会长、水利部原人事劳动教育司巡视员陈自强担任名誉理事长，广东省水利厅副厅长王春海担任理事长，第二届理事会秘书处设在广东水利电力职业技术学院。

中国水利职业教育集团第二届理事大会照片

本年度，教育协会承办了 3 期全国乡镇水利站所长示范培训班；继续举办水文站站长、农村水电站站长、中小型水库站所长等基层站所长培训班，共培训近 500 名基层站所长；面向基层水利专业技术人员，先后举办了“中小河流水能资源开发规划”“农业高效节水灌溉专业技术”等 11 期专业技术培训班，培训 800 多人次。

2013 年

1月5日，水利部办公厅发文公布第二批全国水利职业教育示范院校和示范专业点名单，示范建设工作有序推进。

1月25日，水利部副部长蔡其华到教育协会调研指导，对教育协会工作给予高度评价。

1月29日，教育协会在北京召开各机构负责人座谈会。会议听取了各机构2012年工作总结和2013年工作计划，研究确定了2013年工作任务。水利部人事司人才与培训处处长孙晶辉出席座谈会并讲话。

2月28日，教育协会组织有关院校及行业专家起草的《水利部教育部关于进一步推进水利职业教育改革发展的意见》正式印发。此后，教育协会引导推动水利职业院校及有关单位贯彻落实，持续跟进了解贯彻情况，定期了解存在的问题和建议，向水利部、教育部反映，推动有关政策措施落实，促进水利职业教育健康发展。

3月15日，教育协会根据教育部启动中等职业学校专业教学标准制定工作要求，成立中等职业学校水利专业教学标准领导小组，按教育部有关要求开展专业教学标准制定工作。

4月12日，周保志会长、彭建明秘书长，职工教育分会陈飞会长一行到职工教育分会秘书处设在单位长江水利委员会人才资源开发中心调研指导和座谈。

4月24日，教育协会与全国水利职业教育教学指导委员会正式启动了水利水电建筑工程、水利工程、水利水电工程管理3个水利类高职核心专业和水利水电工程施工、水利工程测量 2 个水利类中职核心专业的人才培养标准、人才培养指导方案和专业设置标准（简称“两标准一方案”）的编制工作。

6 月 27 日，教育协会印发《关于开展第二届全国水利职业院校校园文化建设优秀成果评选的通知》（水教协〔2013〕10 号）。

7 月19 日，为总结水利职业教育校企合作、工学结合、资源共享的经验与做法，教育协会印发《关于征集水利职业教育“产教融合”典型案例的通知》（中水职教集团〔2013〕3 号），指导水利职业教育集团组织征集汇编工作。

职教分会管理、德育和西部发展研究会
2013 年年会代表合影

7 月 24 日，职业技术教育分会管理研究会、德育研究会和西部发展研究会年会在长沙举行，各研究会主任汇报了工作情况，与会代表就水利职业教育发展中的问题进行了交流探讨。

8 月 3 日，高等教育分会四届五次理事会议暨教育部高等学校水利类专业教学指导委员会第一次全体（扩大）会议在华北水利水电大学召开，周保志会长出席并讲话。会议总结了分会工作，研究部署了下一阶段工作；公布了《教育部关于成立 2013—2017 年教育部高等学校教学指导委员会的通知》以及水利类专业教学指导委员会组成名单。期间还举行了第五届全国

高等教育分会四届五次理事大会暨教育部
高等学校水利类专业教学指导委员会
第一次全体（扩大）会议照片

水利优秀毕业生、全国水利院校第三届十佳未来水利之星、第三届全国大学生水利创新设计大赛的颁奖仪式。

8月6—7日，职业技术教育分会四届二次理事扩大会暨全国水利职业教育教学指导委员会工作会议在黄河水利职业技术学院召开。会议审议通过了分会及行指委工作报告、分会理事会成员名单，并对职教名师、职教教学新星评选方案及水利类五个核心专业“两标准一方案”制定工作进行了解读和布置。期间交流了贯彻落实《水利部教育部关于进一步推进水利职业教育改革发展的意见》的情况，分会高职教研会和中职教研会还召开了工作会议。

职教分会理事扩大会暨全国水利职教教指委工作会议照片

8月27日—9月2日，由水利部人事司主办，教育协会、西北农林科技大学承办的2013年全国乡镇水利站长培训示范班在杨凌成功举办。来自全国29个省（市、自治区）的80名乡镇水利站长参加了学习。

10月12日，教育协会印发文件，组织开展第二届全国水利职教名师、全国水利职教教学新星评选表彰活动。

10月16日，教育协会配合水利部人事司组织的全国水利职业教育工作视频会议在北京成功召开，水利部副部长胡四一、教育部副部长鲁昕到会讲话，主会场和分会场共1000余人参加，中国政府网等十多家媒体报道，《中国水利》《中国教育报》专版刊登成果和发言材料。会议引起广泛关注，取得圆满成功。

全国水利职业教育工作视频会议、《水利职业教育宣传画册》
《中国水利》《中国教育报》刊登的成果和发言材料

10月24—26日，教育协会在山东水利职业学院举办第七届全国水利高等职业院校“齐鲁杯”技能大赛。22所院校的333名选手参加了6个项目（工种）的决赛，4个工种获特等奖的选手获颁技师职业资格证书。大赛宣传方式不断创新，通过微博互动对开、闭幕式及比赛过程进行全程直播，进一步扩大了知名度和影响力。

第七届全国水利高等职业院校“齐鲁杯”技能大赛照片

11月5日，教育协会从各院校申报的校园文化建设项目中评选出13项优秀成果，正式印发《关于公布全国水利职业院校校园文化建设优秀成果名单的通知》（水教协〔2013〕32号），对展现水利职业教育立足水利、强化内涵、立德树人的办学特色，促进学生思想道德素质提升发挥了积极作用。

第四届全国水利中等职业学校
“赣鄱杯”技能竞赛照片

11月15—16日，教育协会在江西省水利水电学校举办第四届全国水利中等职业学校“赣鄱杯”技能竞赛。14所学校的130名选手参加了4个项目的角逐，决出个人一等奖12名、二等奖19名、三等奖39名、优秀奖若干名，决出综合团体奖5

名、单项团体奖各 3 名，评出优秀组织奖和组织奖各 7 名。

11 月 30 日—12 月 1 日，高等教育分会、教育部高等学校水利类专业教学指导委员会、中国水利水电出版社在四川大学组织召开第一届高等学校水利类专业优秀教材暨全国水利行业规划教材评审会议，从参评的 149 种教材中评出优秀教材 79 种，从申报的第二批 112 种教材中评出规划教材 59 种。

12 月 17 日，教育协会第四次会员代表大会在北京召开，水利部部长陈雷作书面致辞，副部长胡四一出席会议作重要讲话，周保志作工作报告。部领导充分肯定了教育协会工作，并对水利教育工作提出了希望和要求。会议选举产生了第四届理事会领导成员和理事，水利部副部长胡四一、原副部长朱登铨担任名誉会长，水利部原党组成员周保志担任会长，彭建明担任副会长兼秘书长；审议通过了《中国水利教育协会章程（修订稿）》和《中国水利教育协会会费收缴使用管理办法（修订稿）》；研究部署下一阶段工作，进一步增强了工作合力，巩固了发展基础。

中国水利教育协会第四次会员代表大会照片

12 月 17 日，水利职业教育集团理事长扩大会议在北京召开。会议听取了集团 2013 年工作报告，研究了下一步工作计划；研究讨论水利职业教育“产教融合”典型案例征集进展和推动方案。期间组织专家论证审查集团研发的《校企无忧™实习就业跟踪管理系统》软件，审查认为该系统设计合理、技术先进、管理有效，可正式推广使用。

12 月 27 日，教育协会从 33 所中高职院校的 85 名候选教师中评选出职教名师32名、教学新星22名，印发《关于公布第二届全国水利职教名师、全国水利职教教学新星名单的通知》（水教协〔2013〕37号）。

本年度，教育协会结合水利工作重点继续举办全国水文站站长、农村水电站站长等培训班，培训基层水利管理骨干400余人；针对基层岗位所需业务知识与能力，面向专业技术人员举办农业高效节水灌溉专业技术等10期培训班，培训基层水利业务骨干1100余人，促进了业务骨干知识技能更新，获得学员好评。

2014 年

2月17日，经各院校努力建设，第三批水利职业教育示范专业建设点成功通过审查验收，水利部办公厅印发《关于公布第三批全国水利职业教育示范专业建设点验收结果的通知》（办人事〔2014〕34号）。

2月18日，教育协会在北京召开2014年度秘书长会议，总结2013年工作情况，研究完善2014年工作计划，梳理工作重点，明确目标任务，为年度工作有序开展奠定了基础。

2月18日，教育协会在北京召开高等职业学校水利类专业目录修订专家评审会。周保志会长担任专家组组长，水利部人事司副司长、全国水利职业教育教学指导委员会主任委员孙高振，水利部水资源司、建管司等业务司局及有关企事业单位、水利院校的代表、专家、业务主管参加会议，从各自专业领域、人才特点等角度，对修订目录提出了许多意见和建议，进一步增强了专业设置的针对性和适用性。

3月4日，教育协会印发《关于公布全国高等学校水利类专业优秀教材和全国水利行业规划教材名单的通知》（水教协〔2014〕2号）。

4月8日，教育协会在北京召开全国水利高等职业院校技能大赛工作座谈会，就各竞赛项目统一执裁标准、建立核心专家库、保证竞赛公平公正、完善题库等方面进行了研究讨论。

6月11—13日，职工教育分会在甘肃玉门召开2012—2013年度全国水利职工教育研究成果评审会议，评出一等奖15个、二等奖30个、三等奖45个、优秀奖和优秀组织奖若干。

《中国水利职业教育“产教融合”典型案例集》封面

6 月下旬，由教育协会指导、水利职业教育集团负责征集汇编的《中国水利职业教育“产教融合”典型案例集》正式印发，共收录典型案例 50 篇，分为“合作办学”“合作育人”“合作就业”“合作发展”4 个部分。

7 月 7 日，为进一步加强水利职业院校德育工作的队伍建设，教育协会印发《关于开展第二届全国水利职业院校优秀德育工作者评选表彰活动的通知》（水教协〔2014〕8 号）。

7 月 12 日，高等教育分会五届一次理事大会暨教育部高等学校水利类专业教学指导委员会第二次全体（扩大）会议在南昌工程学院召开，周保志会长出席会议并讲话。会议通过了分会 2013—2014 年工作报告，选举产生了分会第五届领导成员及理事。会议期间还进行了全国水利院校第四届十佳未来水利之星

高等教育分会五届一次理事大会暨教育部高等学校水利类专业教学指导委员会第二次全体（扩大）会议照片

评选、第六届全国水利优秀毕业生评选和第四届水利学科青年教师讲课竞赛颁奖仪式。

职教分会德育研究会、西部发展研究会 2014 年年会照片

8 月 2—4 日，职业技术教育分会德育研究会、西部发展研究会 2014 年年会在浙江同济科技职业学院召开。会议交流了各院校德育工作的经验做法和创新职业教育模式的成果做法，拓宽了德育工作视野，巩固了德育教育成效。

职工教育分会理事扩大会议照片

8 月 13 日，职工教育分会理事扩大会议在哈尔滨召开，周保志会长出席并讲话。会议审议通过了第五届理事会工作报告，选举产生了第六届理事会领导成员及分支机构负责人，研究布置了分会下一阶段工作。

9 月 1 日，教育协会印发《关于开展第三届全国水利职教名师、全国水利职教教学新星评选表彰活动的通知》（水教协〔2014〕14 号）。

职教分会高职教研会暨中国水利职教集团专业建设委员会 2014 年年会照片

9 月 27—28 日，职业技术教育分会高职教研会 2014 年年会暨中国水利职教集团专业建设委员会工作会议在黄河水利职业技术学院召开。会议总结前期工作，研究安排下一阶段工作。

职教分会理事扩大会议暨全国水利职业教育教学指导委员会工作会议、中国水利职业教育集团理事会议照片

10月9—11日，职业技术教育分会理事扩大会议暨全国水利职业教育教学指导委员会工作会议、中国水利职教集团理事会议在杨凌成功召开，周保志会长、水利部人事司副司长孙高振出席会议并讲话。会议总结了分会第四届理事会、集团、水利行指委工作成果，选举产生分会第五届理事会理事、常务理事和领导成员，研究讨论了各机构下一阶段工作计划。

10月29日，职工教育分会在三门峡明珠集团召开“四创杯”及“东风杯”“五小”成果评选、“河海杯”数字教学资源大赛表彰大会，周保志会长出席会议并讲话。“五小”成果共评出一等奖4个、二等奖6个、三等奖8个、优秀奖15个。数字教学资源大赛共评出特等奖2项、一等奖4项、二等奖6项、优秀奖26项。

“五小”成果和数字教学资源大赛表彰会照片

在水利部人事司的支持下，职工教育分会向中国职工教育和职业培训协会申报的“水利行业首席技师及工作室创建模式和评估体系研究”课题，经课题组、子课题组成员共同努力，按预定计划圆满完成研究任务，并在安徽驷马山引江工程管理处召开结题评审会，达到了预期目标，圆满结题。

10月31日，教育协会从25所中高等职业院校申报的候选人中评选出24名优秀德育工作者，印发《关于公布第二届全国水利职业院校优秀德育工作者的通知》（水教协〔2014〕20号）。

12月5日，教育协会开通微信公众平台，丰富交流宣传渠道，提高发展适应能力。

12月8日，教育协会从33所中高等职业院校报送的候选教师中评出水利职教名师30名、教学新星31名，印发《关于公布第三届全国水利职教名师、职教教学新星名单的通知》（水教协〔2014〕23号）。

12月13—14日，教育协会在广西水利电力职业技术学院举办第八届全国水利高等职业院校“红水河杯”技能大赛。大赛设6个项目（工种），22所高等职业院校的329名选手参赛，决出个人特等奖23名、一等奖40名、二等奖104名，决出综合团体奖6名、单项团体奖各3名，评出最佳组织奖6名。

第八届全国水利高等职业院校“红水河杯”技能大赛照片

12月17—21日，教育协会与黄河水利职业技术学院在开封联合举办全国水利职业院校师资培训班。来自全国38所水利中高等职业院校的94名一线教师参加了培训。

全国水利职业院校师资培训班照片

本年度，根据水利部人事司委托，教育协会充分听取各分会、有关出版机构、水利院校、教学指导委员会等多方意见及建议，研究起草了《水利行业规划教材管理办法》和《水利行业优秀教材评选办法》，进一步加强规范水利行业规划教材建设、水利行业优秀教材评选工作。

本年度，教育协会结合基层工作实际与培训需求，举办1期援藏分管水利县市领导培训，2期县市水利局长，2期乡镇水利站所长示范培训，共培训基层水利领导近400人；结合水利工作重点，举办水文站站长、农村水电站站长、中小型水库站所长等培训班，培训基层水利管理人员近500人，培训业务骨干1000余人，对提高基层水利服务机构人员的业务水平发挥了积极作用。

第三批全国水利职业教育示范建设项目审议会议照片

本年度，教育协会组织专家对第三批水利职业教育示范建设单位进行评估，12月26日召开示范建设项目审议会议进行验收，水利部办公厅于2015年1月行文公布第三批全国水利职业教育示范院校。至此，历时6年的全国水利职业教育示范院校和示范专业建设工作圆满完成。

忆海拾珠

七律三首

——为中国水利教育协会成立二十年而作

陈自强

（一）

春雷惊天大潮起，鲲鹏展翅恨天低。

小康大业人为本，水利教育抢先机。

架起桥梁做纽带，春风好雨育桃李。

廿年风雨不倦怠，此情所寄心所依。

（二）

水利高教育栋梁，高职高专花芬芳。

职工教育结硕果，献身水利当自强。

桃李不言自成蹊，日月春秋鬓上霜。

为校为师为学子，廿年风雨铸辉煌。

（三）

上善若水水性柔，人品当依水品修。

水润万物而不争，滴水穿石志方酋。

水涤污垢能自净，水能载舟亦覆舟。

水利教育育人杰，人水和谐竞风流。

作者简介：陈自强，教授级高级工程师，水利部人事司原巡视员，中国水利教育协会副会长。

纪念中国水利教育协会成立20周年

孙晶辉

时光荏苒，岁月如梭。1993年我从北京水利水电学校调入水利部教育主管部门从事水利教育管理工作。20多年来，我直接参与了中国水利教育协会的有关工作，见证了中国水利教育协会的成长发展历程，从初创时期的步履维艰、到上世纪90年代后期阔步前行，从院校管理体制改革后的发展徘徊，到近年来围绕中心谱写改革发展新篇章。我为中国水利教育协会取得的发展成就感到欢欣鼓舞，也为直接参与相关工作感到由衷欣慰。回顾中国水利教育协会的发展历程，亲身经历的一件件事情就像昨天历历在目……

2000年，根据国务院关于院校管理体制调整的统一部署，中国水利教育协会所挂靠的院校由水利部划归地方管理。这使中国水利教育协会的生存发展面临着严峻考验。水利大业，人才为本，教育为先。鉴于中国水利教育协会在水利教育改革发展中的重要地位和作用，水利部教育主管部门审时度势，将中国水利教育挂靠单位调整到部属单位，并结合部属事业单位改革，解决了少量人员编制和经费，为协会解除了生存危机。但是由谁来挑起协会发展这个大梁、担任协会秘书长又成为摆在主管部门面前的一个难题。经过组织的精挑细选，长期从事水利教育管理工作、经验丰富、组织协调能力强的彭建明同志，肩负着组织的重托、怀着对水利教育事业深厚感情离开了水利部人事教育主管部门，走上了中国水利教育协会秘书长岗位。作为水利部人事教育部门的一员，我深知协会发展面临的困难，没有有力的挂靠单位做后盾、没有具体工作人员、没有专项经费保障。如何围绕中心发挥中国水利教育协会的桥梁和纽带作用，推动水利教育和人才培养工作，成为摆在彭建明秘书长面前的一道难题。作为昔日并肩战斗的同事，我为教育协会的工作感到担忧。上任伊始，彭建明同志就全身心地投入到中国水利教育协会恢复发展的各项工作中。在水利部教育主管部门的大力支持下，他抽丝剥茧地梳理协会发展面临的困难问题，制定周密的工作计划，主动作为，攻坚克难，积极协调推进。从组织建设入手，重新组建协会秘书处，调整协会各分会领导机构和理事会组成人员，加强协会自身建设；深入院校开展调查研究，听取意见建议，结合实际描绘协会发展蓝图，顺利实施协会换届；围绕水利人才培养中心工作、凝聚行业智慧和力量开展课题研究，为主管部门建言献策；深入贯彻落实新时期治水思路、推进水利教育教学内容和课程体系改革；狠抓水利职业教育示范建设和基层人才培养……，一桩桩难题在他的手上顺利破解，一项项新的工作措施在他组织协调下顺利实施……，中国水利教育协会终于重新步入了正常发展的轨道。

2005年底，水利部原党组成员周保志同志担任中国水利教育协会会长，中国水利教育协会步入了历史上发展最快、最好的新阶段。在水利部的大力支持下，在周保志会长的正确领导和彭建明秘书长的具体协调推进下，中国水利教育协会紧紧围绕贯彻国家政策和水利部党组的工作部署，围绕会员单位的需求，锐气进取、扎实工作、改革创新，充分发挥参谋助手、桥梁纽带和协调服务作用，谱写了改革发展的新篇章。

2005年，国务院召开了第六次全国职业教育工作会议，印发了《关于大力发展职业教育的决定》。为认真贯彻会议精神，深入实施科教兴水战略和水利人才战略，进一步加强技能型、实用型水利人才培养工作，2006年水利部教育主管部门决定出台一个推进水利职业教育发展的政策文件。中国水利教育协会主动承担了政策文件的起早工作，《水利部关于大力发展水利职业教育的意见》顺利出台，为推进行业职业教育发展发挥了积极作用。此后，教育协会还承担了水利人才队伍建设“十一五”规划、“十二五”规划有关重点课题的研究工作，提供了高质量的研究成果，为规划制定和实施基层水利人才文化和专业素质提升工程、院校水利人才培养计划等重点工程做出了突出贡献。参谋助手作用的有效发挥得到了水利部领导的充分肯定和水利部教育主管部门的大力支持，通过实施水利人才规划，顺利解决了困扰教育协会多年的业务工作项目经费问题，为教育协会的发展提供了有力支撑。

2011 年中央 1 号文件和中央水利工作会议对水利改革发展进行了全面部署，对基层水利人才队伍建设提出了新的要求。为此，水利部与教育部协商决定，结合贯彻《国家中长期教育改革发展规划纲要》，联合召开推进水利职业教育改革发展的工作会议，联合出台一项推进水利职业教育改革发展的政策文件。中国水利教育协会再一次承担了相关政策文件和会议材料的起草工作。按照主管部门关于在政策、项目和资金上实现三个突破，推动水利技术技能型人才培养再上新台阶的要求，教育协会充分发挥行业优势，协会领导亲自挂帅，抽调精兵强将组建了专项工作组，深入院校开展调研，认真研究制约水利职业教育改革发展的瓶颈问题和解决对策，与主管部门反复沟通协商，起草了初稿并数易其稿反复修改完善。最终，一份凝聚水利职业教育界集体智慧和期盼的高质量的政策文件初稿提交到了主管部门案头，并得到了教育部相关主管部门的充分肯定。2013 年，水利部和教育部联合印发《关于进一步推进水利职业教育改革发展的意见》，并联合召开了水利职业教育工作会议进行贯彻落实。会议的召开和《意见》的出台，进一步明确了水利职业教育的工作定位和改革发展的指导思想、总体目标，提出了加快推进现代水利职业教育体系、水利职业教育院校办学能力、水利职业教育师资队伍、水利职业院校社会服务能力、水利职业教育专业人才培养质量评价机制等5个重点环节建设，以及大力实施水利职业资格证书推进计划、水利职业教育院校教学改革计划、基层水利职工文化与专业素质提升工程、水利职业教育“送教下乡”计划、水利职业教育集团建设计划等重点任务，有力推动了水利职业教育快速发展和水利技术技能人才培养工作。

在发挥参谋助手的同时，中国水利教育协会还采取了一系列创新举措，发挥桥梁纽带和协调服务作用，推动水利教育改革发展。举办水利高等教育国际学术会议、水利高校学生创新大赛，实施水利院校教育教材建设规划，遴选水利院校教育实习基地，开展水利职业教育示范院校和示范专业创建工作，创建中国水利职业教育集团，开展水利高中等职业院校技能竞赛，实施水利职教名师、职教新星评选活动和骨干教师培训计划等，一项项实实在在的创新举措的顺利实施，不仅开辟了水利教育改革发展的新局面，也增强了中国水利教育协会的凝聚力、战斗力和行业影响力。

2014年底，按照组织的安排，我依依不舍地离开了战斗了20余年的水利部教育培训管理工作岗位，离开了给予我工作以大力支持和关心帮助的教育协会的领导和同志们。协会领导的谆谆教诲还一直在耳畔回响，协会秘书处的同志们忠于职守、拼搏奉献的身影不时在我眼前浮现。我衷心祝愿中国水利教育协会顺应形势，围绕中心，团结奋进，改革创新，再创辉煌！

作者简介：孙晶辉，教授级高级工程师，水利部人事司人才与培训处原处长，小浪底水利枢纽管理中心党委副书记、纪委书记。

砥砺奋进二十年　继往开来谱新篇

——记中国水利教育协会成立20周年

陈　飞

1994年中国水利教育协会（以下简称“协会”）成立，到今年已经20年了。过去的20年，是我国水利事业蓬勃发展的20年，也是协会不断发展壮大的20年。在水利部的正确领导下，在广大会员和水利教育工作者的大力支持和共同努力下，协会已经发展成一个连接水利行业、水利院校，会员数众多、影响力较大的全国专业性社会团体。协会取得这样令人瞩目的成绩，作为一个老水利人，我感到由衷的高兴和自豪。

人是事业的基石，任何事业都离不开人，水利事业也不例外，所以我长期关注水利人才队伍建设，也因此与协会结下不解之缘。20年来，我深切感受到党和政府对水利事业的日益重视，亲身经历了一只宏大的水利人才队伍的建设历程，亲眼见证了协会为水利事业改革发展作出的重要贡献。

20年来，特别是2011年以来，协会深入学习贯彻《中共中央国务院关于加快水利改革发展的决定》，认真贯彻落实中央水利工作会议精神，严格按照《章程》开展活动，积极开展学术研究、协作交流、技术培训和咨询服务。协会充分发挥自身优势，努力当好政府部门的参谋和助手，为水利事业改革发展的各项决策部署的落实发挥了重要作用；牢牢把握自身定位，充分发挥桥梁、纽带作用，认真宣传有关方针政策，及时反映会员单位的心声；积极找准工作方向，大力开展各项活动，搭建了一个良好的交流、合作平台，受到广大会员单位的欢迎和喜爱。

1994年协会成立时，共设有三个分支机构，其中之一是职工教育分会（以下简称“分会”）。2004年，分会理事长单位由黄河水利委员会调整为长江水利委员会（以下简称“长江委”），秘书处工作由长江委人才资源开发中心承担。20年来，在协会的精心指导和大力支持下，分会坚持科学定位，找准工作方向，着力打造亮点，不断凝聚特色，扎实推进各项工作，取得了显著成绩。分会积极搭建学术交流和推广平台，开展并推动水利职工教育研究，承担了基层水利人才队伍建设政策措施、“653”继续教育工程对策措施、首席专家及创新团队政策，以及水利人才规划和干部培训有关制度等一批重大课题研究；坚持两年开展一次全国水利职工教育研究成果评选表彰，并积极将优秀研究成果推荐到中国职协和中国成协。这些工作促进了会员单位学术交流，宣传和推广了水利优秀研究成果，繁荣了水利职工教育研究。

分会积极开发“云服务”数字教学资源，开展水利行业数字教学资源大赛，鼓励会员单位和广大水利教育工作者积极开发适应现代水利职工教育和培训需要的教学资料，与河海大学等水利院校合作，编写水文预报与调度技术、小型水电站等5部教材及相关数字教学资源，教材将由河海大学出版社出版，教材及数字教学资源在水利职工教育和培训中推广应用；与武汉大学等高校合作开发现代远程网络教育平台，这些举措为基层水利职工搭建了终身学习平台，有效推进了水利职工参加继续学历教育和技术技能培训，为基层水利职工提高学历、提升素质创造了良好机会。

分会还承担了中国水利教育网、水利院校毕业生就业信息平台、《中国水利教育与人才》（“两网一刊”）的编辑和管理工作，不断加大专题报道力度，加强对会员单位的宣传和推广，强化就业信息平台运行管理，促进了毕业生到水利基层单位就业。近年来，刊物办刊质量大幅提升，网站运行维护管理更加高效，“两网一刊”深入宣传党和国家关于水利事业改革发展的方针政策和决策部署，及时反映水利行业和教育战线的最新动态，大力推广会员单位改革发展的新鲜经验，积极服务会员单位人才队伍建设和水利院校毕业生就业，充分发挥了传递信息、宣传政策、反映动态、推广经验、聚集人才、促进就业的作用，已经成为协会的“门户”和“窗口”，成为广大会员单位和水利教育工作者工作和交流的平台。

分会积极举办水利职工培训班，发挥了示范引领作用，促进了各地基层水利职工培训制度化、常态化。这些创新举措和特色活动，已经成为协会的“标签”和“名片”，是协会工作取得丰硕成果的典型代表和集中体现，在水利行业、职业教育战线乃至全国产生了广泛影响。

20年来，我不仅亲眼见证了协会的“成长”，还有幸亲身参与到协会的工作中。承蒙广大会员的信任和厚爱，从2009年起，我担任协会副会长兼分会会长，至今有6年了。担任分会会长，既是一种光荣，也是一份责任，让我感慨万千。我深深地体会到：

坚持围绕中心、服务大局，是分会的生存之本。水利人才队伍建设是水利事业改革发展的重要部分和基础工作，人才队伍建设的成效，只有在工作中才能得到体现和检验。分会作为政府部门的参谋、助手和协会的分支机构，必须紧紧围绕水利中心工作和协会的工作部署，服务水利事业改革发展大局，满足水利职工教育培训需要。这是分会存在的价值和意义。近年来，分会深入学习贯彻全国水利人才工作会议精神，认真贯彻落实《全国水利人才队伍建设“十二五”规划》，始终坚持开拓进取，稳步扩大会员规模，不断强化“亮点”意识，促进会员交流和合作，赢得了广大会员和水利职工的信赖。分会20年的发展证明：围绕中心才能不断前进，服务大局方能彰显价值。

坚持求真务实、改革创新，是分会的发展之基。分会的职责是团结广大会员单位，共同搞好水利职工教育培训工作。分会的会员数量多、分布广，生产建设任务繁重，干部职工比较分散。因此，如何有效地把广大会员团结和凝聚在一起，如何为广大水利职工提供便捷的学习培训机会，如何按照国家新标准开展培训工作，是分会面临的一大难题。要有效地开展工作，就必须建立健全工作机制。分会积极适应形势需要，不断加强自身建设，为工作迈入常态化、规范化轨道奠定坚实保障。分会积极创新工作思路，推动片区教育协作和企业协作会交流，开展“五小”成果评比，推进水利技术进步和职工素质提升，这些举措和活动受到了广大基层水利职工的热烈欢迎。

坚持改进作风、服务会员，是分会的活力之源。分会的发展，既离不开主管部门的正确领导，更离不开协会的精心指导，也离不开广大会员单位的大力支持。会员支持分会的工作，积极参加分会的活动，把分会当作自己的“家”，分会才有血液和营养，才能永葆生机和活力。近年来，分会不断改进工作作风，努力促进工作重心下移，针对会员最关心、最需要、最现实的问题，组织开展形式多样、内容新颖的活动，主动为会员服务，促进会员发展。坚持从细微之处着手、从基础工作入手，分会正是长期坚持为会员做好“润物细无声”的服务工作，才使广大会员对分会的归属感、向心力不断增强，也培育和保持了分会的生机和活力。

成绩鼓舞人心，挑战依然严峻。我们也必须清醒地认识到，与满足水利事业改革发展的新要求，以及与主管部门和广大水利职工对我们的新期待相比，我们的工作还任重道远，协会和分会还有很大的发展空间，需要我们继续付出艰辛的努力。

党的十八届三中全会，揭开了全面深化改革的序幕。2月7日，水利部召开党组（扩大）会议，学习贯彻习近平总书记在中央全面深化改革领导小组第一次会议上的重要讲话精神，研究部署深化水利改革有关工作。陈雷部长强调，要切实把思想和行动统一到习近平总书记重要讲话精神和中央决策部署上来，坚定不移地推进水利重要领域改革攻坚，不折不扣地把水利改革各项任务落到实处。协会要有所作为，需要积极适应水利改革发展的新要求，把握机遇，应对挑战，进一步增强进取意识、机遇意识、责任意识、紧迫意识，为水利重要领域改革服务，为全面贯彻落实《全国水利人才队伍建设"十二五"规划》努力工作，为广大会员单位服务，为水利跨越式发展提供有力的人才保障和智力支持。

砥砺奋进二十年，继往开来谱新篇。我相信，有了过去20年好的基础，协会的工作，一定会再上新台阶，取得新的更大成绩。

作者简介：陈飞，教授级高级工程师，长江水利委员会纪检组长，中国水利教育协会副会长、职工教育分会会长。

抓好集团化办学 助推水利职业教育发展

王春海

中国水利教育协会历来重视校企融合、工学结合，并采取多种举措不断推进行业、企业与院校间联系与合作。为进一步适应水利行业对高素质、高技能人才的需求，深化职业教育改革，促进水利职业教育校企、校际合作，创新人才培养模式，推动水利职业教育“集团化”发展，根据《国务院关于大力发展职业教育的决定》等文件精神，2008年，中国水利教育协会支持组建成立了首个全国性行业职教集团——中国水利职业教育集团。

自成立以来，集团始终坚持以推进我国水利事业快速发展为目标，以培养水利技术技能人才为宗旨，努力促进校企合作、互惠共赢。第一届理事会秘书处设在单位黄河水利职业技术学院拉开了集团工作序幕，积极进行有益的探索和实践，推进水利职业教育办学体制、运行机制和人才培养模式的改革，在校外实习基地建设、企业为院校培训教师等方面发挥了积极作用，形成了校企资源共享、人才共育的长效机制。在此基础上，第二届理事会秘书处设在单位广东水利电力职业技术学院在成员单位的共同努力下，进一步整合优质资源，促进校企共建专兼结合的专业教学团队规模扩大，校企共建、共管校内外实训基地数量不断增多，招生就业渠道更加开阔，“行企校”在人才教育培养方面的合作有效融合，初步形成了水利职业院校、行业、企事业单位共同参与、互惠共赢的水利职业教育联合体，为培养现代水利技术技能人才做出了积极贡献。

一、产学结合不断深化，教育质量得到提升

集团成员院校以校企合作和工学结合为切入点，依托集团的有利平台，通过引入企业标准、技术规范和职业技能标准，将教学与生产加以紧密结合，构建了以工作过程为主导的项目化课程体系；通过组织师资队伍“挂职培养、互聘互任”，不断优化师资队伍结构，建立了稳定的专兼结合的双师结构教学团队；通过共建“生产性”校内实训基地和具有“教学功能”的校外实训基地，全面改善学生实习实训条件，使学生在学习中有了更多的职业体验。校企的紧密合作，既丰富了教学资源，又促进了水利职业教育质量的提升。2014 年集团编印的《中国水利职业教育“产教融合”典型案例集》，将集团校企合作作了全面展示，得到各方的好评。

二、强化校企信息交流，学生就业得到保证

为给在校学生提供更多就业机会，提高就业水平和质量，集团专门研发创建了职教集团信息交流平台，在加强校企之间、校际之间信息交流的同时，重点传递校企之间、校际之间的就业信息，推广就业工作经验和就业研究成果。先后完成了集团官网与校企无忧服务网站的建设和上线运营工作，并组建了专业在线客服和技术支持团队。集团官网及时采集政策法规、行业资讯、新闻公告等信息，发布了大量的稿件信息。“校企无忧”服务网站开发了顶岗实习、人才招聘、师资互动、学习资源下载等功能，使企业、院校、学生均可在线共享网站人才供需信息。集团网络平台的建设与运营，为校际交流、校企深度融合，尤其是为学生实习就业搭建了多元立体平台，提供了全方位的服务。目前，集团组织研发的“校企无忧”实习就业跟踪管理系统已在水利系统和广东区域的 30 所高中职院校完成安装使用，并进行了优化升级，与广东省教育厅的“大学生就业在线”数据平台实现对接。

三、充分发挥职教优势，服务能力得到增强

多年来，集团成员院校按照“合作办学、合作育人、合作就业、合作发展”的理念，坚持以服务求支持，以多赢求发展，积极寻求校企之间利益的平衡点，实现了优势互补。如黄河水利职业技术学院按照集团成员中水八局提出的人才培养目标和技能要求，与中水八局就培养水利工程施工复合型高技能人才达成协议，并联合制定培养计划，共同实施人才培养；杨凌职业技术学院通过抓“百县千企联姻”，促进教育与产业、学校与企业、专业与职业、课程教材与职业能力、培养过程与生产过程5个对接，构建了政府主导人才与产业需求、行业指导教学与生产衔接、企业与岗位技能培养、学生顶岗实习与就业零距离对接的办学形式；广东水利电力职业技术学院的“天河产学研基地”，与合作企业、科研院所进行深度合作，大大提升了院校教学、科研水平和服务行业的能力。

回首过去，集团在探索中前进，取得了明显的成绩和进展，并为进一步健康持续发展打下了良好基础。展望未来，我们要进一步贯彻落实国务院《关于加快发展现代职业教育的决定》、教育部《关于加快推进职业教育集团化办学的若干意见》、《水利部教育部关于进一步推进水利职业教育改革发展的意见》等文件精神，在中国水利教育协会支持指导下，按照政府主导、行业指导、院校合作、校企联动、共谋发展的思路，牢固树立服务意识，当好院校、企业的“红娘”，不断提升自身发展能力，进一步促进水利职业教育健康发展，为水利人才队伍建设和社会发展作出新的更大贡献。

作者简介：王春海，广东省水利厅党组成员、副厅长，中国水利职业教育集团第二届理事会理事长。

乘风破浪正逢时　和舟共济渡沧海

——写在中国水利教育协会成立20周年

余爱民

蓦然回首，弹指一挥间，中国水利教育协会已经走过了匆匆20载。在20年岁月长河里，她给水利人留下的美好回忆如沙滩上闪亮的珠贝让人留恋不已；她发展壮大、攻坚克难的事迹就如生命历程中伫立的座座丰碑，至今使人感怀肃立。作为一名协会工作的较早参与者和工作者，回忆这20年的历程，我思绪万千，感慨万分。

我于1993年参加全国水利职业技术教育学会，从1996年起至今一直担任职教分会秘书长、中国水利教育协会副秘书长之职，亲身参与、经历了中国水利教育协会的成立和发展历程，我深刻体会到中国水利教育协会在水利行业指导、水利教育与人才培养中不可替代的作用。20年来，中国水利教育事业得到了快速发展，实现了从培养能力到培养质量的跨越式发展，并稳列全国行业职业教育前茅。这样辉煌的成绩来之不易，是行业主管部门以正确决策和大力支持谱写的诗篇，是中国水利教育协会团结大家攻坚克难演奏出的壮丽乐章。

如果把中国水利教育比喻为一艘大船，那么，党和国家的政策就像指南针和强劲的东风，行业主管部门、水利教育协会、水利教育工作者就似水手和舵手，正是大家在这个伟大的时代齐心协力，开创了中国水利教育的大好局面。

一、风清气正，时代给力

从协会成立到现在的20年间，党和国家的几代领导人都特别重视教育，把教育作为强国兴邦的基础工程，科技兴国深入人心，这个风清气正的大环境，为水利教育工作者甩开膀子创业绩提供了天时。

二、行业重视，指导得力

这20年，水利部由钮茂生、汪恕诚、陈雷3位部长主政，3位部长都非常重视水利教育和教育协会的工作。钮茂生部长曾经把政府比喻为“龙头”，把水利企事业单位比喻为“龙爪”，把协会比喻为“龙尾”。并形象地说：如果没有龙尾，飞行中的龙就不能定好方向、定好位。

这20年，水利部人事司（以前曾经历过科教司、人事劳动教育司）对水利教育工作高度重视，指导有方，措施得力。其中，历任主管领导如高而坤副司长、陈自强副司长（巡视员），侯京民司长、孙高振副司长最为水利教育界赞扬敬佩。尤其是陈自强副司长（巡视员），从担任处长时就把足迹洒遍了每一个水利院校，与水利教育同喜忧，是水利教育工作者永远难忘的良师益友。原水利部人事司人才培训处处长（现小浪底水利枢纽建管局党委副书记）孙晶辉同志，多年如一日以深厚的感情指导和支持协会工作。大家更不会忘记，我们的老领导和老专家周保志会长，高瞻远瞩，审时度势，运筹帷幄，领导协会抓大事干实事，把协会工作推向了新高度。

对于水利院校的事情，水利部一贯满怀感情大力支持。例如：2000年，有一所水利院校在教育部参评全国示范院校，需要水利部的函件。水利部得知后，很快就办好了该函件。

三、谨记宗旨，办会努力

水利教育协会办会的宗旨是团结水利教育机构和水利教育工作者，按照水利行业的需要，指导水利教育又好又快发展，为实施水利人才战略服务。协会秘书处按照办会宗旨，要求做好三个服务：为水利行业发展服务，为业务主管部门服务，为会员单位服务。

多年来，中国水利教育协会谨记办会宗旨，落实三个服务。周保志会长和彭建明副会长兼秘书长殚精竭虑，组织了一次次卓有成效的活动，推动了水利教育水平的整体提升。通过像水利职教示范建设和水利职业院校技能竞赛这样的协会活动，大大提升了水利职业院校的办学能力和教学水平，使办学机构主动服务水利行业的自觉性大大增强。

四、会员支持，齐心协力

中国水利教育协会能够越办越好，和会员单位的大力支持是分不开的。水利职业院校多年来把协会当作自己的家，主动参与、支持协会工作。会员单位和协会的情结越来越紧密。一些会员单位创新了经验，很乐意通过协会让会员单位分享；一些院校办学效益好了，会主动要求承办协会活动；一些在水利职业院校工作的领导同志调动或退休，还要再参加一次活动，以留下温馨记忆。

例如：黄河水利职业技术学院在全国示范院校建设中摸索出集团化办学的经验，建议协会指导并发起成立了中国水利职教集团；主动发起并承担第一届水利高职技能竞赛活动。安徽水利水电职业技术学院探索出区域性院校办学联盟，就通过协会带动其他院校开展区域性合作办学。浙江水利水电专科学校已经通过升本审批，还主动要求承办高职技能竞赛。浙江同济科技职业学院在本省高等学校精神文明建设中做出了优异成绩，就通过协会开展了水利职业院校的精神文明建设活动，推进了行业所有院校精神文明建设工作。还有个感人的故事使我终身难忘。2000 年，上级决定原湖南省水利水电学校并入长沙交通学院，该校潘炳生校长提出再提前交一年协会会费，表达对协会的支持和难舍难分。

近年来，因为示范引领的需要，一些学校积极承担了协会职教分会的工作。

这些学校的领导高度重视，全方位主动支持。这些学校的具体做协会工作的同志，多年如一日，做着无私的奉献。职教分会秘书处的挂靠单位黄河水利职业技术学院，多年来为秘书处配备专人，配备专门的办公设施，划拨专门经费，在学校二级单位的职能上明确协会秘书处的工作。安徽水利水电职业技术学院、浙江同济科技职业学院、广东水利电力职业技术学院、杨凌职业技术学院、山东水利职业学院、原河南省郑州水利学校、云南省水利水电学校、甘肃省水利水电学校等院校，都在各方面为协会工作做出了杰出贡献。

五、专家参与，尽心尽力

中国水利职教界藏龙卧虎，聚集了很多知名专家。例如：目前仍担任所在院校领导职务的协会资深专家李兴旺、符宁平、丁坚钢、于纪玉、王卫东、陈绍金、白景富、江勇、刘建明、孙桐传、江湝、刘建林、杨言国、郭军、耿鸿江、刘幼凡、钱武、于建华、黄功学等；博士生导师、高水平专家刘国际、孙西欢等；著名专家焦爱萍、李宗尧、拜存有、杜守建、程兴奇、王朝林、刘国发、陈建国等；已经退休或调出水利职教行业的著名专家邵平江、陶国安、吴光文、刘宪亮、张朝晖、杜平原、邓振义、陈再平等。

特别应该提出的是，中国水利教育协会副会长兼秘书长彭建明同志，作为资深水利教育工作者，服务中国水利教育协会工作 16 年，把最好的年华奉献给了协会，以他的专业、敏锐的学识，正确的判断和决断力，推进协会工作一步一个脚印地健康发展。

我们也会永远记住著名水电站和水利专家窦以松教授，他是三会合一成立中国水利教育协会的开拓者。

这些专家以他们渊博的学识和无私的奉献凝练了水利职业教育的高水平，增添了中国水利教育协会的精、气、神。

回忆20年漫长的协会历程，仿佛就在昨天。回忆水利职业教育20年的改革发展，仿佛是用汗水、心志搅拌着焦虑、忧愁、喜悦和拼搏铺就的一段人才培养之路。

乘风破浪正逢时，和舟共济渡沧海。中国水利人怀揣着中华水利梦，齐心协力，同舟共济，在时代的浪潮中乘风远航，必将迎来中国水利职教更加灿烂的明天！

作者简介：余爱民，教授，黄河水利职业技术学院高教研究室主任、教育教学督导室主任，中国水利教育协会副秘书长、职业技术教育分会秘书长。

为促进水利类人才培养做出新贡献

——贺中国水利教育协会成立二十周年

姜弘道

中国水利教育协会成立至今已经有20周年了，作为协会的一个老会员，看看协会邮给我的一些资料，抚今追昔，可以说是感慨万千。在水利部领导的关心、支持下，经过历届协会领导、理事会与秘书处不断开拓创新、努力工作，协会坚持围绕中心、服务大局的宗旨，在服务基层人才队伍建设、引导院校结合水利实际拓展水利后备人才培养途径、加强水利学科专业建设、激励师生服务水利、加强协会自身建设等方面取得了丰硕成果。尤其在近些年，协会工作努力改革创新，各项工作全面推进，重点工作效果显著，亮点工作不断涌现，品牌工作形成特色，有力推动了水利教育事业的健康发展，为水利改革发展做出了积极的贡献。作为一名在教育战线工作五十余年的水利教育工作者，我要为协会所取得的成绩与进步喝彩，并向所有为协会工作有过贡献的人致以崇高的敬意。

当前，我国高等教育的改革与发展进入了提高质量、优化结构、深化改革的内涵式发展的历史新阶段，高等学校与科研院所、行业企业联合培养，探索科学基础、实践能力和人文素养融合发展的人才培养模式，已是高校与行业企业的共同的光荣使命。协会在促进水利高等职业教育与水利行业企业联合培养水利人才方面做了大量工作，取得了一系列卓有成效的成果。如何把这方面的工作经验与水利本科人才培养的特点结合起来，大力促进水利本科教育教学中学校与行业企业紧密合作、联合培养，是协会可以大有作为的新的发展空间。下面，我就通过参加我国的工程教育专业认证工作得到的一些认识提几点建议。

我国的工程教育专业认证从2006年开始试点，是在《国家中长期教育改革与发展规划纲要》中进一步明确、在《教育部关于全面提高高等教育质量若干意见》中具体规定，由自我评估、院校评估、专业认证与评估、国际评估、教学基本状态数据常态监测等五位一体组成的教学评估制度的重要组成部分。开展工程教育认证的主要目标是：促进我国工程教育的改革，加强工程实践教育，进一步提高工程教育的质量；吸引工业界的广泛参与，进一步密切工程教育与工业界的联系，提高工程教育人才培养对工业产业的适应性；建立与注册工程师制度相衔接的工程教育专业认证体系；促进我国工程教育参与国际交流，实现国际互认。目前已有包括水利类专业在内的13个专业类的200多个专业点进行了认证，并在建立组织机构、制定认证标准与各类文件体系、培训认证专家、加强与相应国际组织的联系等方面做了大量工作，2013年6月“华盛顿协议”成员大会表决批准中国加入该组织，成为准会员。水利类专业从2007年开始认证试点，至今已在水文与水资源工程、水利水电工程、港口航道与海岸工程、农业水利工程等四个专业的20个专业点进行了认证，其中两个专业已进行了两轮认证。根据工程教育专业认证的目标，认证工作十分强调要有行业企业的专家参与。在认证专家队伍中，行业企业专家与学校专家基本上各占一半；各专业类认证组织的秘书处都挂靠相关的学会、协会；在认证标准中更有多处规定必须有行业企业专家参与；如：专业培养目标的评价与修订过程应该有行业或企业专家参与；专业应建立毕业生跟踪反馈机制以及有高等教育系统以外有关各方参与的社会评价机制，对培养目标是否达成进行定期评价；专业应与企业合作，开展实习、实训，培养学生的动手能力和创新能力；对毕业设计（论文）

的指导与考核应有企业或行业专家参与；专业的教师队伍中有企业或行业专家作为兼职教师；教师的工程背景应能满足专业教学的需要；等等。

中国水利教育协会有着联系水利行业企业与水利高等教育院校的固有优势，可以在水利类专业认证中进一步发挥自身的优势，促进水利行业企业更多的单位与专家参与到水利类专业认证中去。如：

在水利部的支持下，与水利学会等组织合作，通过各种活动，组织更多单位主动参与水利类专业认证所要求的各项工作，如制订对专业进行社会评价的办法以及培养目标达成评价的方法。

组织行业企业专家参与专业培养目标、毕业要求的修订以及课程设置的调整，担任兼职教师参与部分教育教学工作。

对专业的实践教学环节，从组成、要求、内容等各个方面进行审议，对专业课的实验环节提出要求，支持专业的生产实习并提出改革意见等。

组织水利院校交流参与专业认证的经验，尤其是与行业企业联合培养人才的经验，等等。

中国工程教育认证协会（筹）水利类专业认证委员会愿与协会、学会紧密合作，一起搞好水利类专业认证，促进水利类人才培养更好地适应水利事业改革与发展的需要。

作者简介：姜弘道，教授，河海大学原校长，中国水利教育协会原副会长、高等教育分会原会长。

求实创新　协同共进
谋水利教育工作新发展

严大考

我们党历来重视水利和水利教育工作。特别是党的十八大以来，习近平总书记就保障国家水安全发表重要讲话，精辟阐述了治水兴水的重大意义，深入剖析了我国水安全新老问题交织的严峻形势，明确提出了新时期治水思路和战略任务；李克强总理主持国务院常务会议专题研究部署加快节水供水重大水利工程建设，亲临水利部考察座谈并对水利工作提出明确要求，为我们做好新时期水利工作提供了强大思想武器和科学行动指南，也给水利教育和水利院校改革发展指明了方向，注入了新动力，提出了新要求。

水利发展的关键是人才，基础在教育。实现水利更好更快发展，迫切需要培养和造就一大批具有较高政治素质和专业技能、适应中国特色水利现代化要求的技术人才和管理人才。水利院校作为实施科教兴水战略和水利人才战略的重要机构，面临着难得的发展机遇。近20年来，中国水利教育协会服务于水利教育主管部门、服务于水利现代化建设、服务于水利教育事业改革发展、服务于广大水利教育培训工作者，在实施科教兴水战略、水利人才战略和水利可持续发展战略进程中扮演着重要角色。特别是近年来，协会在周保志会长和第四届理事会的团结带领下，坚持围绕中心、服务大局，认真落实水利部党组关于水利人才队伍建设的决策部署，深入实施科教兴水战略和水利人才战略，突出抓好水利高等教育、水利职业教育和水利职工教育，服务水平明显提升、品牌活动亮点频现、自身建设不断加强，有力推动了水利教育科学健康快速发展。

华北水利水电大学是水利部与河南省共建、以河南省管理为主的高等学校，学校2005年在教育部普通高等学校本科教学工作水平评估中获得优秀，是中西部高校基础能力建设工程单位，是具有博士学位授予权的单位。目前学校已发展成为一所以水利电力为特色，工科为主干，理、工、农、经、管、文、法等多学科协调发展的大学。

水利教育是百年大计，在水利教育协会的关怀指导下，我校紧密把握水利水电事业发展脉搏，始终站在水利水电高等教育前沿，始终致力于人才培养、科技创新、社会服务以及文化传承，取得了丰硕成果。60多年来，学校坚持厚基础、宽专业、强素质、重实践、求创新的教育教学思路，努力实现教学水平精品化、师生交流常态化、实践育人制度化、因材施教创新化、就业引导专业化，为我国水利水电事业建设发展源源不断地输送了大量优秀人才。学校学生学业水平蒸蒸日上，在国内多学科、多行业的各类竞赛和比赛中均获得过多次奖励。学校注重培养学生创新思维，提高学生实践能力。自2009年协会首届“全国大学生水利创新设计竞赛”举办以来，我校师生积极参与，获得了特等奖2次，一等奖4次，二等奖6次的优异成绩。学校始终注重师资队伍建设，形成了一支高学历、高素质、高水平的教师队伍。自2009年至今，协会组织举办的全国水利学科青年教师讲课竞赛已举办四届，我校每年均选派优秀教师参赛，共有特等奖2人，一等奖6人，二等奖7人。我校青年教师的优秀表现获得了专家的好评，展示了我校青年教师的良好风范。我校始终坚持专注于教育教学改革研究探索，并取得了一系列优秀成果。刘增进等教师完成的《农业水利工程专业人才培养方案与课程体系综合改革与实践》荣获“十一五”水利教育优秀研究成果；张丽等教师的《新形势下毕业设计创新模式研究》荣获2014年水利

类专业教学成果二等奖。

“1+2+1 中美人才培养计划”是协会组织国内优秀学生出国交流深造的重要平台，我校是首批参加该计划的高校。伴随着“1+2+1 中美人才培养计划”项目的发展，我校赴美国学习的学生人数也不断增长，尤其是 2012 年以来参加项目人数逐年递增。项目开展以来，我校共有 18 名学生赴美国高校学习，其中有 12 名学生参加了双学位项目、6 名学生参加了 YES 交流生项目，分布在特洛伊大学、鲍尔州立大学、威斯康星大学欧克莱尔分校、加州州立大学圣贝纳迪诺分校等几所高校。其中，8 名已经顺利获得我校和美方大学的双学位，且有 1 名学生荣获“优秀毕业生”称号；4 名学生正在美方大学学习，6 名学生已返回我校学习。已经毕业的 8 名学生，在就业质量、收入水平、考研深造等方面有明显的优势。此外，我校还有 1 名专业教师获得了协会提供的赴美方高校 3 个月的研修机会。“1+2+1 中美人才培养计划”不仅把国外优秀高校的先进教学理念带回了学校，给学生带来了多元化的思想冲击，也对学校的教育教学改革起到了积极的推动作用。

当前和今后一个时期，水利教育工作任务重、要求高、难度大。学校将在水利教育协会的指导下，解放思想，振奋精神，开拓进取，真抓实干，完善队伍，突出特色，努力培养更多高质量水利人才，为水利高等教育发展做出新的贡献。

一是抓好发展，坚持创新。遵循高等教育规律和人才成长规律，广泛借鉴国内外先进理念和经验，坚持走内涵式发展道路，把提高办学质量作为学校改革发展最核心最紧迫的任务，加快建立中国特色现代大学制度，优化治理结构，完善学科体系，创新教学方法，出名师、育英才、争一流、创佳绩。

二是深化改革，提高质量。切实增强主动改革意识、敢于担当精神，以创新务实的工作作风抓好改革的各项工作，积极稳妥推进各项制度改革，增强服务社会经济发展的能力和水平。科学定位、办出特色，整体提高办学质量。根据社会需求，调整学科专业方向，大力支持本科生、研究生参与科研实践活动，充分利用水利学科平台优势构建提升教育教学质量的长效机制。

三是健全机制，完善队伍。建立健全有利于优秀人才脱颖而出的体制机制，改革完善人才评价方式手段，以岗位职责为基础，以品德、能力和业绩为导向，探索建立科学的人才考核评价机制和评价指标体系，努力造就一支师德高尚、业务精湛、结构合理、充满活力的高素质教师队伍。不断优化教师发展平台，努力给青年教师创造一个良好的发展环境，为教师提供更为广阔的发展空间。

四是突出特色，丰富理念。坚持育人为本、学以致用的办学理念，保持水利学科的办学特色，把可持续发展治水思路和民生水利的要求贯彻落实到水利教育教学工作中。注重传播文化知识与提高思想品德修养相结合，培养创新思维与加强社会实践相结合，全面发展与个性发展相结合，不断更新教学理念，丰富教学内容，提高教学质量，培养造就更多优秀水利水电人才。

五是主动协调，强化合作。树立全局观念和大局意识，贯彻落实党中央各项政策方针，积极配合水利教育协会工作部署，开展各项教育教学及相关工作。加强与各大水利院校协调配合，强化同兄弟院校之间的沟通联系，开展各项教育教学合作，形成水利教育发展合力。构建与地方、水利行业科研及企业单位的合作平台，不断开拓水利教育新局面。

水利发展事关社会发展全局，水利教育事关水利长远发展，水利教育工作者肩负的责任重大而光荣。我们要抓住机遇，迎接挑战，实事求是，开拓创新，以更加奋发有为的精神状态，更加科学有效的管理举措，更加求真务实的工作作风，积极投身于水利教育工作中，努力为水利教育工作做出新的贡献。我校将继续秉承“情系水利、自强不息”的办学精神，遵循“勤奋、严谨、求实、创新”的校训，践行“育人为本、学以致用”的办学理念，突出办学特色，优化学科方向，拓展学科领域，构建多层次、多类型、多面向、多形式的人才培养体系，努力培养适应现代水利需要的高水平人才，全面推动高水平教学研究型大学建设，为水利水电事业和地方经济社会发展提供有力的人才保障和智力支撑，为夺取全面建成小康社会新胜利作出更大的贡献！

作者简介：严大考，教授，华北水利水电大学校长，中国水利教育协会副会长、高等教育分会副会长。

我与中国水利教育协会20年

王志锋

中国水利教育协会从成立到现在，已经走过了整整20年的历程，这个20年的历程，是我们水利教育事业不断适应中国水利事业改革与发展的需要，深化改革，得到快速发展的20年。南昌工程学院在这20年的历程中，完成了由一所水利部直属的南昌水利水电高等专科学校转变为“省部共管，以地方管理为主”的地方院校，由一所专科学校升格本科院校，实现了以瑶湖新校园建设为标志的改善办学条件的阶段目标和以获批开展工程硕士培养试点工作为标志的办学水平的阶段目标。中国水利教育事业走过的这20年，确实值得我们去回忆和总结。

在我的记忆里，上世纪90年代里，中国的水利教育发展中有两件大事，一是1992年召开的水利部直属高校普通高等教育工作会议，二是水利教育协会，包括其中的水利高等分会的成立。

1992年我担任学校的教务处副主任，有幸随宋太炎校长参加了在北京未名山庄召开的水利部直属高校普通高等教育工作会议，也许我当时还是水利高等教育学校管理的一员新兵，还是第一次参加这样的级别和性质的会议，因此这次会议对我的影响非常深刻，会议提出的教育理念和办学思路，指导我以后在学校管理中的各项工作。

会议讨论了《关于加快改革和积极发展水利部普通高等教育的实施意见》

《关于修订普通高等学校教育事业“八五”计划和十年规划要点的若干意见》《水利部关于扩大部属院校办学自主权的意见》等三个文件，并于1993年1月下发实施。

在这些文件中，明确了水利高等教育改革与发展的基本思路：转变观念，改革体制，转换机制，开放搞活；立足水利，面向社会，适应市场，积极发展。明确了“逐步建立一套使学校能主动适应和面向市场、更好地为社会主义现代化建设服务的机制。通过改革达到：规模有较大发展，结构更加合理，质量上一个台阶，效益有明显提高”的改革与发展的主要目标。

会议更重要的是明确了学校的办学定位：面向中、小型水利企业，农村水利基层单位、乡镇企业和水利第三产业，成为我国水利专科教育中起榜样作用的学校。这个办学定位，为学校当时的发展指明了方向，也一直影响着学校直至今天的发展历程。回顾学校发展的过程，我感觉大致可以分为三个阶段。

第一个阶段（1993—1999年），深化改革，特色发展。主要是贯彻落实水利部普通高等教育工作会议，做到三个适应：适应水利发展的需要，适应社会发展的需要，适应学校发展的需要。深化教学改革以构建高等技术应用性人才培养模式为主的教学改革；以提高学生全面素质教育的学生管理改革；以全员上岗聘任制为核心，以干部管理制度改革为重点的人事分配制度改革和实行“小机关、多实体、大服务”后勤管理体制改革等四项改革。学校明确提出了把学校建设成为水利特色、专科特色和学校特色鲜明的全国示范性高等工程专科学校的办学目标。到1997年3月，学校被当时的国家教委确定为“全国示范性高等工程专科重点建设学校”。

第二阶段（2000—2004年），抓住机遇，加快发展。学校紧紧抓住高等教育快速发展的机遇，学校管理体制改革转型发展的机遇，江西地方经济和社会发展快速发展的机遇，充分发挥学校教职员工面对机遇和挑战的新形势出现的求生存、求发展的强烈愿望和动力，进一步明确面临机遇和挑战的发展思路：面向社会，面向水利，面向基层和生产第一线，坚持高等技术应用性人才培养的办学方向，组建独立设置的工程技术学院的办学目标，提出了实现这一办学目标的四项工程：改善办学条件，扩大办学空间；扩大招生规模，提高办学效益；加强学科建设，优化专业结构；壮大教师队伍，提高师资水平。

在江西省人民政府和水利部的支持下，经过全校师生共同努力，2002 年我们开始了瑶湖新校区的建设，并于 2003 年 9 月迎来了首批 4646 名新生入学。2004 年 5 月，教育部发文同意学校改建为南昌工程学院。办学层次得到提升，办学基础平台有了根本性的转变，学校的社会影响得到了显著提高。

第三阶段应该是升本以后的发展阶段，学校各方面工作都得到了稳步快速的发展。2008 年江西省人民政府与水利部签署协议，学校实现省部共建；2011 年被教育部批准为“卓越工程师教育培养计划”高校，被国务院学位委员会批准开展培养硕士专业学位研究生试点工作；2013 年，被总参谋部、教育部批准为定向培养直招士官试点院校。学校始终坚持面向地方和水利行业，大力培养高素质应用型人才，现在学校的在校生已达 18000 余人，其中以本科生为主，包括工程硕士、国际教育学生和士官生。

学校教育事业的发展与中国水利协会的诞生和发展是密不可分的。特别是我自 1993 年担任学校副校长，此后先后担任校长，学校升格为南昌工程学院并担任首任院长之后，便与中国水利教育协会的工作结下了不解之缘。1994 年 10 月，在郑州召开的中国水利教育协会高教分会第一届理事会。时任校长宋太炎任副理事长（常务理事、理事），我担任理事。第二届我担任副理事长并兼任高职高专教育研究会主任。1995 年 7 月在厦门召开的中国水利教育协会第一届理

事会上，学校校长宋太炎任常务理事，第二届、第三届理事会上由我任协会的副理事长，第四届任常务理事。通过20年水利教育的实践，深深地体会到，我们的中国水利教育协会具有以下三个作用：

一是同类院校相互交流学习的平台。在我主持高职高专研究会期间，根据各学校的发展状况，我们每年召开主题鲜明、重点突出、典型引领、互相促进的交流会议。先后在黄河水利职院召开的实验室实训基地建设的交流会、在河北水利工程职院召开的水利类教材编写交流会、广东水职院召开的教学课题研究、浙江水专召开的人才培养模式经验交流会、广西召开高职高专评估工作交流会。这些交流会促进了各个学校的健康发展。

二是协会经常性的组织有水利企事业单位、科研院所专家参加的课题研究，就水利科技发展和人才需求开展多方面的研究，发挥了纽带和桥梁作用。在水利部的支持下，2000年教育部批准我校牵头开展了“新世纪高等教育教学改革工程”Ⅱ22－1项目研究，于2007年1月结题，中国水利教育协会会长周保志，协会副会长、水利部水利人才培训中心主任陈楚，协会副秘书长、水利部人教司教育处处长孙晶辉，中国水利教育协会高教分会秘书长王集权等参与了对该课题结题验收工作。来自广东、广西、山东、河北、浙江、安徽、四川和黑龙江等全国各地的水利院校领导、专家参加了结题验收报告会。

该课题研究过程中，先后有17所院校60多名教师参加编写，出版教材21部。2009年9月，由南昌工程学院，广东水利电力职业技术学院，浙江水利水电专科学校，安徽水利水电职业技术学院，黄河水利职业技术学院，杨凌职业技术学院共同申报的《高职高专教育水利类专业人才培养规格和课程体系改革与建设》获第六届高等教育国家级教学成果二等奖。

三是凝心聚力推动水利教育事业健康发展。经过研究会十余所成员学校的共同努力，水利教育事业得到了蓬勃发展，至今先后有南昌水专、浙江水专升格为本科南昌工程学院和浙江水利学院；黄河水利职业技术学院、广东水利职业技术学院、广西水利职业技术学院、四川水利职业技术学院、安徽水利职业技术学院、山东水利职业技术学院、杨凌职业技术学院等 9 所学校获得教育部高职高专评估优秀，分别是这些学校所在省高职高专教育的榜样，在全国同行业中属于佼佼者，这些与水利教育协会的工作是密不可分的。

我深深感到，水利教育协会成立至今的 20 年，也是我国水利教育事业大发展大变革的 20 年，二者相互促进，互为因果。作为这段历史的见证人和亲历者，我感到十分荣幸，为能够参与到我国水利教育事业的历史大潮中，成为其一员而倍感自豪。在此，我要特别感谢支持和关心我和我的学校的各位同仁，感谢协会彭建明秘书长的关心和鼓励，使我有机会和信心来追忆这一段美好时光。

作者简介：王志峰，教授，南昌工程学院原院长，中国水利教育协会原副会长、高等教育分会原副会长。

搭建平台　促进发展

李建雄

欣闻中国水利教育协会成立二十周年，我作为一名水利高校的教育工作者，感到特别高兴。二十年风雨历程，二十年艰苦奋斗，二十年硕果累累，二十年璀璨辉煌。在此，我衷心祝贺中国水利教育协会成立二十周年，祝中国水利教育协会明天更美好！

回顾二十年来，中国水利教育协会走过的每一步，无不凝结着协会为水利高校搭建交流合作的平台而发挥的特殊作用。大家知道，全国高校学科门类众多，交叉学科渗透，新兴学科崛起。但是水利学科在许多高校的存在，是传统学科中的佼佼者。水利高校直接为政府和水利事业发展，源源不断地输送着合格的建设者和有用之才，是国家水利高级人才重要的培养基地和成长的摇篮。但是水利学科的发展离不开高校的润育，水利高校的发展离不开交流合作。当今世界，学科发展交流，成增长常态，搭建水利高校交流合作的平台显得尤为重要。因此，中国水利教育协会从成立的那一天开始，积极探索和积极搭建起水利高校的交流合作平台，为水利高校的发展和人才培养作出了不可磨灭的突出贡献。

记得，近年来，中国水利教育协会连续举办了三届大学生水利创新大赛。首届参赛院校近 20 所，第二届参赛院校 40 来所，到 2013 年第三届达 56 所，学生人数更突破 700 人，193 项作品入选，经审阅设计资料、现场答辩和实物演示等程序，评出特等奖19项，一等奖39项，二等奖99项，宏大地展现了当代水利大学生的创新能力和实践成果。会场竞争激烈，会下交流融洽。各高校选手间的切磋，评委老师间互动，场面感人至深，给人留下难忘的印象。大赛是结束了，落下帷幕，但学者选手们难以离别。还有些拥有相近专业的院校，如同济大学、重庆大学等参赛师生不无感慨，水利创新大赛已不只局限水利高校比赛，更是走向了全国，是全国高校具有影响的大赛之一。这就是协会搭建的交流竞赛平台。她的意义远不是大赛本身的影响力，更是在全国高校立起了示范榜样丰碑。创新、创造、创业永远是高校发展的主旋律。

还记得，曾是我亲自参与并为之努力，取得赞誉的一件实事。利用武汉大学水利水电学院雄厚的师资力量，网教平台，通过协会职工分会年会及研讨会，在协会各级领导亲自支持关心下，连续几年，驱车辗转千里，招考录取了来自湖北、湖南、广东、广西、福建、山西等省区的水利职工网上在线学习。既较好地解决了这些水利职工上大学的工学矛盾，又提升了水利职工队伍的专业素质。一台电脑网上学习，与老师可视互动，成效显著，深受水利干部职工欢迎。目前这几届毕业生广泛地活跃在全国水利建设工地，有的还考上了在职研究生。每每谈到这人生戏剧性的变化，大家无不感谢水利教育协会给了他们享受高等教育的机会，上大学不仅丰富了水利网教毕业生的专业知识和实际技能，更是凸显搭建水利高等网络教育平台的协会领导的辛勤耕耘，才有今天的收获，令人难以忘怀。

过去的已经过去。记忆还在，理念还在。为之奋斗的水利事业在蓬勃发展和正发生巨大变化。党和人民需要水利，中国特色的社会主义建设事业需要强大的水利，培育和践行社会主义的核心价值观的伟大实践更需要水利人的奋发有为。搭建水利高校交流合作平台，为水利企事业单位输送高素质的合格人才，是水利教育协会长期和永远的不懈追求，也是每一位水利高校教育工作者的历史使命。让我们共同携起手来，为促进我国的水利事业大发展而努力奋斗。

作者简介：李建雄，教授，武汉大学水利水电学院调研员、原副院长，中国水利教育协会职工教育分会原常务理事、现代教育研究会主任委员。

风物长宜放眼量
——写在中国水利教育协会成立20周年

李兴旺

导言

作为一名中国水利教育协会忠实的老会员，回想起20年前协会成立时和一路走来的暮暮情景，不由浮想联翩、感慨万千。当时我参加的是中国水利教育协会的前身——全国水利中专教研会，随着水利教育事业的发展和国家水利主管部门的职能调整，水利教育协会组织的功能得到不断强化，协会事业得到了不断发展，直至成为一个包括水利高等教育分会和水利职业教育分会以及水利职工教育分会在内、负责组织指导和协调管理全国水利教育事业发展事务的国家一级协会组织。作为一名参与者和见证者，本人也从一般会员，逐步担任了教研会副主任、协会副理事长、协会副会长。20年来，我兢兢业业履行着一名老会员应尽的义务，勤勤恳恳为广大会员服务，同时也在协会这个平台上得到了很好的锻炼，从广大会员和会员单位学到了很多东西、吸收了丰富的营养，促进了自身的不断成熟和健康成长。

20年的风风雨雨，协会经历了从无到有、从小到大、从弱到强的发展历程。她宛如一首诗，字里行间浸透着水利职教人成就事业、服务行业、奉献社会的大爱精神和会员之间的真挚友情；更像一支歌，虽然时高时低、时强时弱，但整个乐章的每一个音符都跳跃着水利职教人高亢奋进的激情和昂扬向上的和谐旋律。她既像一本书，从序言到后记，厚重的千百页中饱含了20年历程的步步脚印和无数同仁用智慧和心血酿就的累累硕果；更像一幅画，以神州大地为纸，以江河湖泊为墨，山川、田野到处泼洒着水利职教人的靓丽风采。她既像一座桥，沟通上下、连接左右，忠实地履行着服务会员、造福会员的天职；更像一抹虹，始于风雨后，灿于阳光下，看上去绚丽缤纷，折射回七彩人生。她既像一条河，虽然一路坎坷，却奔腾不息、勇往直前；更像一叶舟，科学发展引领着前行方向，众人划桨提供了不竭动力，理想彼岸是她追寻的永恒目标。

一、组织指导，水利职业教育事业健康发展

中国水利教育协会有着完整的组织体系、广泛的群众基础、严谨的工作机制和明确的发展目标。水利职业教育分会作为水利教育协会的重要分支机构，经过 20 年的不断探索和完善，目前已经形成包括“水利高等职业教育研究会”“水利中等职业教育研究会”“水利职业院校管理研究会”“水利职业院校德育研究会”“水利职业教育西部发展研究会”等组织架构。其中，高职教研会组织各专业组、课程组，紧紧围绕技术技能人才培养目标要求，组织开展专业目录修订、专业标准拟定、课程标准制定、优质共享资源建设以及一系列教研教改活动，很好地指导了全国近 20 所水利高职院校的教学工作；中职教研会针对不同时期中职学校面临的人才培养目标定位问题、生源问题以及中高职衔接等实际问题积极开展交流研讨活动，很好地指导了全国 30 多所水利中职学校的教学工作；管理研究会紧紧围绕水利职业院校的教学管理、学生管理、行政管理以及后勤服务与管理等方面的机制改革与制度创新，广泛开展理论研讨与经验交流，很好地指导了各水利职业院校的管理工作；德育研究会围绕社会变革时期职业院校学生的思想政治工作、素质教育工作以及校园文化建设等重要环节，积极开展研讨与交流，很好地指导了各水利职业院校的德育工作；西部发展研究会针对西部省区水利职业教育的现实问题、共性问题以及区域合作问题，主动开展交流与探讨，很好地指导了西部水利职业院校的改革与发展。

二、政策引导，水利示范院校建设成效显著

在中国水利教育协会的积极努力下，水利部作为行业主管部门相继出台文件，加大对水利职业教育改革发展的政策支持。早在2006年，水利部印发《关于大力发展水利职业教育的若干意见》，明确了水利示范院校建设的目标、任务和政策措施。2011年，水利部在“十二五”水利人才发展规划中将大力发展水利职业教育作为规划的重要内容，组织实施了院校水利人才培养推进计划、高技能人才培养工程和专业素质提升工程等项目。2013年初，水利部、教育部联合印发《关于进一步推进水利职业教育改革发展的意见》，进一步明确了水利职业教育改革发展的指导思想、总体目标、关键环节和重点项目。这些文件的出台，构建了推进水利职业教育改革发展的政策体系，为水利职业教育改革发展创造良好的政策环境。

自2008年开始，中国水利教育协会组织开展了水利职业教育示范院校和示范专业建设，在认真评审的基础上，先后批准了黄河水利职业技术学院、杨凌职业技术学院、安徽水利水电职业技术学院、广东水利电力职业技术学院、广西水利电力职业技术学院、山东水利职业学院、山西水利职业技术学院、湖北水利水电职业技术学院、浙江同济科技职业学院、四川水利水电职业技术学院、湖南水利水电职业技术学院、长江工程职业技术学院和重庆水利电力职业技术学院等13所水利示范院校建设单位和61个水利示范专业建设点。目前已有3所水利类高职院校建设成为“国家示范性职业院校”、2所水利类高职院校建设成为“国家骨干职业院校”、其余8所建设成为“全国水利示范院校”。通过示范院校建设全面提升了水利类职业院校的办学能力和人才培养水平，全面带动了我国水利职业教育的改革与发展。

三、典型先导，水利职业教育改革不断深化

在中国水利教育协会的组织指导下，水利职业教育教学改革取得了显著成效。特别是涌现出一批体现技术技能人才培养要求的校企合作的人才培养模式的典型案例，对全面深化水利专业教学改革发挥了很好地示范带动作用。例如：黄河水利职业技术学院与河南省测绘工程院紧密合作，构建了“实习·生产一体化”工学结合人才培养模式，将教学活动转化为生产活动使学生在真实的工作环境中得到培养和锻炼。杨凌职业技术学院与中国水电建设集团组建校企合作理事会，成立了“中国水电建设集团十五工程局有限公司水电学院”，按照“合格+特长”人才培养模式与企业共同对冠名学院学生实施教学，毕业时合作企业择优录用。安徽水利水电职业技术学院与合肥荣兴机械构件厂合作共建了“引入式”校内生产性实训基地，与合肥金德电力设备有限公司合作共建了“融入式”校外生产性实训基地，通过资源共享、优势互补，实现了互惠互利、校企共赢。广东水利电力职业技术学院按照“政府主导、行业指导、企业参与、学校实施”的原则，在广东省水利厅主导下，联合所属的100多个企业、研究所、设计院等单位，成立了广东省水利水电行业校企合作办学理事会，明确规定了“政、校、行、企”各方的职责、义务和要求，为联合培养水利类专业人才提供了体制机制保障。广西水利电力职业技术学院与南宁强国科技有限公司紧密合作，在联合培养水利类专业人才的同时，还利用合作优势积极为行业服务，学院师生与企业共同研发的手持流速测算仪等系列水文产品广泛服务于广西全区的水文系统。

四、人才主导，水利教育协会精神永续传承

中国水利教育协会作为一个群众性行业组织，之所以能不断发展壮大，原因可能是多方面的，但有一个关键因素应该是肯定的，那就是水利教育工作者长期不懈的广泛参与和无私奉献。比如有邵平江、武韶英、周保志等一批德高望重的顶层领导是协会工作的灵魂；有彭建明、余爱民、赵向军等一批睿智、精干的秘书团队是协会工作的关键；有陶国安、吴增栋、黄新等一批资深的水利职教工作者是协会工作的楷模；有曾志军、焦爱萍、陈送财、拜存有等一批优秀、敬业的教学管理工作者和教研团队是协会工作的引擎；协会所属的各分会、研究会、专业组、课程组、项目组的负责人是协会工作的中坚和骨干；而像何俊、王建华、邓海鹰等职教名师为代表的一批热情的基层会员则是协会工作的基础。

在中国水利教育协会的组织指导下，成千上万的水利教育工作者，经过20年的奋斗自然会创造一些宝贵的财富，其中有形的成果比如水利职业院校的基础能力建设以及专业建设、课程建设、师资队伍建设、实训基地建设等，无形的成果比如办学体制机制与人才培养模式创新、教研与教改、制度建设以及水利职教精神的凝练与形成等。那么无形的精神层面都有哪些呢？关于水利教育协会精神，其内涵丰富而深邃，以前没有总结，现在也难以准确归纳，但有几个方面内容应该包含其中：其一是上善若水的品质，即水善利万物而不争，以水之仁爱滋养学生，以水之谦下涵养品德，以水之坚韧克服困难，以水之包容成就事业。其二是大禹精神，即“勇于探索、勤于实践、甘于奉献”的精神。其三是行业精神，即“献身、负责、求实”的水利行业精神。这些精神是我们几代水利教育工作者的执着追求、行动指南和实践归宿，是我们最可宝贵的精神财富。

如果说过往者想给后来人留点什么，那么回过头来，从20年漫长的历程中捡起几粒小石子，铺在通向未来的大道上，虽然微不足道，但至少表明我们都在同一条路上、有着共同的向往。站在今天——继往开来、承前启后的公元二零一五年，回顾昨天，20年一路走来，我们有付出、有收获、也有欣慰；放眼明天，未来20年，对后来人以及我们共同的中国水利教育协会事业有依托、有信心、更有期待！

作者简介：李兴旺，教授，安徽水利水电职业技术学院院长，中国水利教育协会副会长、职业技术教育分会副会长。

心声心愿

陈绍金

年前，收到中国水利教育协会领导邀请，协会将出版正式成立20周年纪念文集，嘱我短文和之。籍此机会，谈一点自己的感想和体会，权当一名水利老兵向为助推全国水利职业院校培育造就大批水利英才而呕心沥血、默默耕耘的中国水利教育协会所致的崇高敬礼。

我从事水利工作三十多年，由基层至省城，也算做过一些事情。如任县水利局长期间，大办标准山塘，标准渠道建设，成为全省的典型，农民受益匪浅；1994年组织抗击湘江超历史大洪水，将损失减小到最低程度，受到温家宝同志的表扬；1991年在全国率先由水利部门建设自来水厂供县城居民用水，现在仍为全国水利系统的经典之作。此中，我深知基层水利人才的匮乏和需求的迫切，体察到水利之于百姓民生的重要。

进入省水利厅以后，我在科教处工作了一段时间，从此开始了与中国水利教育协会长达近廿年的交情和友谊。之后受命入职湖南水利水电职业技术学院，更是与协会交道频繁。

由“全国水利职工教育学会”“全国水利职业技术教育学会”和“中国水利高等教育学会”发展而来的中国水利教育协会，正式成立于1994年。作为联系水利教育机构及其工作者的桥梁和纽带，协会承担了专业建设指导、课改教研、教材编写、职工培训、协作交流、咨询服务、评选表彰、就业引导等工作。二十年来，协会在促进水利教育事业发展上不遗余力，使水利院校与水利行业紧密结合，有效推进了水利终身教育体系的构建，推动了水利行业学习型组织建设向纵深拓展，在为我国水利事业持续发展提供人才支撑、智力保障方面发挥了重要作用，它的努力和贡献得到了行业内外的高度认可肯定，它的专业性和权威性获得了全国水利院校和全体水利教育工作者由衷的信服。这一点在我院推进内涵式发展过程中得到了很好的证明和体现。

我院的发展得到了协会的鼎力支持。回顾学院走过的道路，有升格之初的阵痛，也有成长之中的烦恼，更有跨越式发展的喜悦。这其中，每一次大的辉煌背后都有中国水利教育协会的推手之功。2008年，在学院迎接第一轮教育部人才培养工作水平评估的关键时刻，协会秘书长彭建明先生亲临学院现场指导，解难释惑，为学院评估创优鼓劲打气。2010年，学院30周年校庆之时，周保志会长不仅题词鼓励，而且亲赴仪式现场，为庆典增辉添彩，为学院加油鼓劲。2012年，水利部、教育部《关于进一步推进水利职业教育改革发展的意见》为学院发展提供了良好的政策红利，也让学院获得了实实在在的“真金白银”，为学院的提质加速提供了助推器。《意见》能够得以出台，协会的辛劳功不可没，也必将载入水利职业教育史册。

2012年，经协会遴选推举，学院被立项为“全国水利职业教育示范院校建设单位”，助推学院发展迈入快车道，为学院创评“湖南省示范性（骨干）高职院校”打下坚实基础；在协会的大力指导支持下，经过三年努力，今年元月上旬，学院被水利部正式确认为“全国水利职业教育示范院校”，朝“省内领先、行业示范、国际知名”的奋斗目标又迈近了一步。

学院的内涵建设也得益于协会搭设的平台和纽带。学院先后有4个专业跻身水利示范专业，1门课程获评教指委精品课程，数十本由学院教师主编教材进入全国高职高专规划教材名录，6名教师获得“全国水利职教名师”“全国水利职教新星”等荣誉称号，使学院品牌形象和内涵实力大为提升。

“人之相交，贵在交心，贵在相知相惜”。当前，国家对办好现代职业教育寄予厚望，水利职教新一轮发展“大幕”已然开启。与此同时，随着实现中华民族伟大复兴“中国梦”的铿锵启航，“两个一百年”奋斗目标的日益临近，水利作为经济社会发展重要支撑的地位进一步牢固，水作为生命、生活、生产、生态要素构成的作用完全显现，水利事业改革发展任务极端繁重紧迫。因而，水利教育使命光荣，任务艰巨。作为奋战其中的一员，希望协会能够在以下两个方面更上一层、再进一步：

一是推动水利职业教育配套政策进一步落地落实，提升质量水准。近年，中央对水利和职业教育改革发展出台了一系列利好方针政策，希望协会能更好地发挥对接、参谋、协调等优势，为水利职业教育稳步向前迈进再添一把火、再助一臂力。

二是创新工作方式和服务内容，打造更多精品力作。在互联网深入普及的大背景下，协会可以渐次引入微信、微博、客户端等方式作为信息发布、联系沟通、互动学习的工具，一则可以为会员提供更加高效便捷即时的服务，二则有利于吸引更多受众参与进来，提升协会影响力。同时希望协会在已有条件上，聚焦办好现代水利职业教育这一中心，加快推进卓越院校建设、特色专业群建设和网络课程开发、遴选等工作，指导带动水利职业院校实现“升级版”发展，增加在全国职教系统的示范力和话语权。

治水兴水，人才为要。百年大计，树人优先。中国水利教育协会已经走过20载，作为见证者和当事人：回首中国水利教育协会的昨天，雄关漫道真如铁；

欣赏中国水利教育协会的今天，万紫千红满园春；展望中国水利教育协会的明天，直挂云帆济沧海。

作者简介：陈绍金，教授，湖南水利水电职业技术学院党委书记，中国水利教育协会常务理事。

行业学校发展的坚强后盾

杨言国

上世纪50年代，甘肃省水利水电学校诞生之时即隶属于甘肃省水利厅依托行业办学。进入新世纪以来学校划归教育行政主管部门管理，是中国水利教育协会把学校与行业紧紧地联系在了一起，把我们的根留在了祖国的水利水电建设行业。值此中国水利教育协会成立二十周年之际，甘肃省水利水电学校对协会华诞致以诚挚的祝福！对学校发展过程中得到协会的关怀、指导、帮助、支持表示深深的感谢！教育协会从发起成立到届届传棒，不断发展壮大，这一切都离不开从理事长、理事、各届会长、成员，为水利教育协会的成长辛勤工作和无私奉献，作为协会的成员之一，借此机会向专家、领导表示崇高的敬意！

中国水利教育协会诞生于改革开放的伟大时代，见证、参与了中国教育发展的辉煌，促进和培育了水利职业教育新春天的到来，为水利职业教育的发展发挥了中介、桥梁、纽带作用，有力推动了水利教育事业的健康发展。水利教育协会以服务水利发展为宗旨，以培养水利人才为己任，以凝聚水利院校为抓手，围绕中心，服务大局，在服务基层人才队伍建设、引导院校结合水利实际拓展水利后备人才培养途径、加强水利学科专业建设、激励师生服务水利、加强协会自身建设等方面取得了显著成绩。尤其是，县市水利局长和乡镇水利站所长培训、水利职业教育示范院校建设、中高职院校学生技能竞赛、教学成果推荐与评定、组建中国水利职业教育集团等一系列创新工作，抓住了重点，做出了特色，为水利改革发展做出了积极的贡献。

本人从2005年按学校分工介入职教分会工作，并在水利职教集团承担了一定的工作，近十年的工作中深深体会到，协会对学校工作有以下几个方面的促进。

一是依托平台，加强与行业企业的交流。充分利用协会在联系院校、汇聚专家、深入基层等方面搭建的平台，紧紧围绕水利终身教育体系和学习型组织建设，以及水利人才队伍建设中的重要问题，及时了解国家的方针政策和水利部相关工作部署，进一步加强水利院校与水利企事业单位、科研院所的交流合作，为指导学校明确发展方向，确定专业开发科专业建设，确定专业招生规模等关乎学校发展的每一个环节提供了决策依据，为推进学校与用人单位之间开展订单培养、定向培养、定岗培养模式，打造适应水利现代化发展需求的高素质人才队伍，进一步促进校企互惠共赢创造了条件。

二是依托平台，开展与兄弟院校的学习和交流活动。学校在中国水利教育协会的引领下，不断加强与行业的密切结合，积极服务现代水利，在现代水利发展和涉及民生的领域探索建立新的学科；充分利用行业指导和协调服务优势，不断加强水利学科专业建设，开展教材编制工作，促进产学研合作和产教深度融合；健全专业人才培养质量评价机制，完善水利类专业教学与核心课程标准；启动卓越院校建设计划，加快水利重点专业实习实训基地建设；深化水利院校教育教学改革，提升办学能力，培养适应现代水利需要的高质量人才。

学校围绕水利学科专业建设和教育教学改革两个任务，多形式、多层次的交流合作，在促进教育理论和实践创新，推广优秀经验和成果应用，优化水利人才培养结构，提高水利教育质量等方面取得了良好成果。

三是以水利职业教育示范建设为契机，不断提升教学水平。经过建设，学校被水利部批准为第一批全国水利职业教育示范院校学校。示范学校建设过程中，得到了协会的大力支持和全程指导。学校紧紧抓住水利示范学校和示范专业建设的契机，带动水利相关专业的建设发展，提升职业教育整体水平，为创建全国中等职业教育示范学校创造了有利条件，目前学校全国中等职业教育改革发展示范学校建设已通过省级验收，等待教育部的验收、批复。

在协会帮助支持下，学校从无到有实现了集团化办学，通过集团化办学实现了资源共享、优势互补、合作发展，学校积极参加管理和技术骨干组建的专业指导委员会，积极参与学校课程的设计、教学、实习指导等工作，充分体现专业教学计划适应企业需求和产业技术发展方向。

四是通过参加水利类职业院校学生技能竞赛，促进学生技能的学习。自2007年起，学校已经参加了四届中职学校学生技能竞赛，承办了第三届全国水利重点职业学校“敦煌杯”技能竞赛。通过创新了水利高技能人才培养途径，促进了职业院校学生实践能力、动手能力提高，在行业内外获得广泛好评。

五是通过水利职教名师和职教新星的评选，促进教师水平提升。学校先后参加了两届全国水利职教名师、职教新星评选，两届全国水利职业院校校园文化建设优秀成果评选和一届全国水利职业院校优秀德育工作者评选。先后分别有2名教师获得全国水利职教名师、全国水利职教教学新星称号，促进了学校师资队伍建设和优秀青年人才培养，加强了双师结构以及专业教学团队的建设。此外，学校依托产业办学，充分发挥产业人才在教育中的优势，合理调整职业教育中操作技能辅导偏少、理论讲解过多的局面，并通过调整兼职教师比例和在岗轮训专职教师的方式，优化双师师资队伍的整体结构，使学校教学与实践实现“零距离”对接。

六是参加水利职教集团，拓宽办学思路。行业协会和企业事业单位是职业教育集团中不可或缺的组成部分。建设职业教育集团尤其强调行业和企业的参与。这样才能形成生源链、产业链、师资链、信息链、成果转化链和就业链，促进集团各成员单位的共同进步和区域经济又快又好地发展。

职业教育集团从以职业学校为主体，转向以行业企业为主体可能是未来发展趋势，当然这需要国家配套法律法规和相关政策的支持。因此，我们提出发挥产业优势，走职业教育集团化办学之路，或许是一种值得探索的模式。

时此纪念协会成立20年之际，对教育协会和水利教育工作提几点建议：

一是要加强水利协会会员之间的资源共享。充分发挥参谋助手、桥梁纽带、综合协调作用，紧紧围绕水利人才队伍建设需要，进一步完善沟通协调机制，做好水利与教育方针政策的传达贯彻，努力帮助会员单位解决实际问题，促进会员单位交流互助、资源共享。

二是要不断为水利教育争取政策和资金的支持。

三是要继续开展各种特色活动。继续开展全国水利中高等职业院校学生技能竞赛、水利学科青年教师讲课竞赛等活动，以点带面，示范引领，促进各类水利人才培养。继续开展水利职教名师与教学新星、水利优秀毕业生评选活动，激励水利院校师生了解水利、投身水利、服务水利。

四是要做好推荐优秀成果活动。积极向教育部推荐水利职业院校的优秀教学成果和办学成果；争取水利院校职业技能竞赛进入教育部的国赛系列。

回顾过去，倍感自豪，展望未来，大有可为。我们将按照协会的工作思路，找准切入点，抓住着力点，把握关键点，实现职业教育新突破，力争职业教育新跨越，迈上职业教育新台阶，取得自身建设新发展，为加快水利教育事业的发展做出新的更大的贡献!

再次对中国水利教育协会成立二十周年表示祝贺!

作者简介:杨言国,高级讲师,甘肃省水利水电学校校长,中国水利教育协会常务理事、职业技术教育分会副会长。

心系水利职教二十年随想

郭　军

二十年，在历史长河中弹指一挥，但作为中国水利教育协会从建立到发展，却反映了几代人的坚持和努力。

在中国水利教育协会成立20周年的日子里，我有幸跟随这个活动，回顾了自己的水利职教生涯，梳理了参加的协会活动和从中所受到的教育，其中感触最深的是在协会领导和水利职教同行们的帮助、支持下，使我在办学理念、管理方式、师资建设、校园文化等方面学到了很多宝贵的经验，促进了个人的进步和提高，推动了学校教育教学改革的深化与发展。

1994年，我从一个普通教师走上校长助理兼学生科长的岗位，学校领导经常派我参加协会组织召开的德育工作会议，从中结识了全国水利职业学校的很多领导和德育教师。由于都来自水利中专学校，所以大家无论原来是否相识，一旦报到进入会场，就油然而生一种亲切感，相互交流学生管理的经验、德育工作的方法和途径。印象最为深刻的是德育论文的评选活动，特别规范严肃，获奖论文要在大会上交流，颁发证书，很多学校的教师带着自己或同事的论文前来参会，那个认真的、期待的感觉，现在还历历在目。特别是评委老师们十分辛苦，开会头一天报到后，就开始审阅所有上交的论文，进行评选，确定大会交流文章，一直要工作到深夜。但大家每次都盼望着上交论文能多点，遇到一些立意新颖的文章，大家还要议一议，在我的脑海中至今还保留着当时的一幅幅画面，这种敬业负责的水利人精神一直教育和感染着我。大会颁奖时，手捧获奖证书的教师，喜悦、自豪之情溢于言表，这是对一线教师，对班主任最大的褒奖，这些证书在教师评定职称、年终评比时起到很关键的作用。更可贵的是会议一般安排在当时规模比较大、办得比较好的水利中专学校，我印象深刻的有辽宁水校、广东水校、四川水校。在当时，协会安排在这些学校开会，使我们不仅学习交流了德育工作经验，还参观了国家的老工业基地、改革开放前沿城市和古今传颂的都江堰水利设施，对于我们这些一线教师，开阔了眼界，至今都令我十分怀念。

2004年，我走上了校长岗位，参加协会组织的活动和会议增多了。特别是近十年，我国职业教育发展迅速，全国有很多水利中职学校在这几年里升格成为高职学院，有的搬入新校区，规模也扩大了，职教分会虽然分成中职和高职两块，但很多活动还是在一起开展，使大家还能在一起交流学习。这个阶段，作为校级领导之间交流比较多的是办学模式和层次提高的方法和途径。由于在协会活动中结识了很多院校领导，因此2008年，我带领北京水校的干部教师前往安徽水院学习，当时安徽水院领导正在忙于两个校区的搬家事宜，但对我们的到来还是给予了很多帮助和支持，院长亲自接待并与我们探讨两校的合作办学的方法和途径，使我们深深感受到水利职教一家的亲情。通过参观安徽水院，我们了解到国内先进的水利职业院校的办学理念、专业特色和实验、实训条件。在学习借鉴了全国水利职业院校的办学经验基础上，我们发挥本校办学优势，将学校办成以中职学历教育为主体，水务电大成人继续教育和职业培训并举，“一体两翼”共同发展的国家级重点中职学校。

2009年，教育部颁布的《关于进一步深化中等职业学校教学改革若干意见》

中指出“校企合作、工学结合、顶岗实习，是具有中国特色的职业教育人才培养模式和中等职业学校基本的教学制度。在办学中如何把握新的人才培养模式的内涵，是作为校长重点要思考的课题。同年7月，我参加了水利协会在山东省水利职业学院召开的“中国水利职教集团就业工作经验交流与研讨会”，会上黄河水利职业技术学院党委书记、院长刘宪亮为与会人员阐述了校企合作与工学结合的关系，对我帮助特别大，体会主要有三点：一是校企合作是职业教育技能型人才培养的需要。专业的定位和人才培养的定位只有来自于企业，才能实现学校培养目标与企业需要相一致；专业建设的过程必须是校企合作，人才培养方案一定要请企业人员参与，才能实现岗、课、证相融通；师资队伍建设中更要强调“双师素质”和“双师结构”，实验实训条件的建设中要强调校内的生产性和校外的教学性；校企合作是实施工学结合的基础和平台，企业是人才培养质量的监督主体。二是学校要树立主动为企业服务的意识，它是校企合作的前提，也是学生充分就业的前提。三是职业学校要树立“企业的需要是学校的责任，企业的选择是学校的目标，企业的评价是学校的标准，企业的发展是学校的追求”的办学理念。通过参加这次会议，我和领导班子成员进一步分析了学校的办学方向，明确了学校的定位：要紧紧依托北京水务事业发展的需要，坚持服从于“绿色北京、人文北京、科技北京”这个大战略目标，服务于“民生水务、科技水务、生态水务”的行业发展需要，并将这一点作为学校的办学宗旨，同时坚持改革创新，拓展办学空间和领域，加强与自来水集团和城市排水集团以及南水北调工程单位的沟通合作，努力实现培养目标与企业需要的“零距离”。

这些年来北京水校毕业生就业上岗率均超过95%以上，目前学校与水务系统均签订了联合办学协议，有力地促进了学校专业的建设。2009年学校通过了水利协会组织的“全国水利职业教育示范学校、示范专业建设”评估，2012年验收合格。同年学校水工专业被北京市教委评定为示范专业。

2011年，中央出台了《关于加快水利改革发展的决定》，召开了最高规格的水利工作会议，对加快水利改革发展做出全面部署。协会通过各种形式为会员单位解析文件精神，要求水利职业院校要借贯彻中央一号文件的“东风”，利用水利和教育两个系统关心水利职业教育工作的“天时”，争取好的办学环境，提高办学水平和服务能力。在这一精神的指导下，我校积极争取市发改委、市教委、市水务局支持，成功地将学校实训楼工程立项，经过两年多的艰苦工作，目前实训楼正在建设中。新的实训楼建设在学校校园内，建筑面积12796平方米，地下2层，地上11层，建设内容为学校开办的水工、给排水、生态环境保护等“水字号”专业和其他各专业的实验、实训室，以及与学校办学宗旨相一致的成人继续教育和培训的教学设施，它的建成将大大改善学校的办学条件，更好地实现以工作过程为导向的课堂教学方法的改革。与此同时，学校还争取了国家和市级财政共同支持的两个实训室建设项目，一个是机电专业“电工电子实训室建设项目”，新建和改建机械综合、传感器、楼宇、电机、供配电、电子工艺6个实训室；另一个是水工专业的“生态型循环水务模拟仿真实训基地建设项目”，两个项目共计720万元，对水工和机电两个专业的人才培养模式创新和专业建设发挥了重要作用。

水利协会近年开展的中职技能竞赛，在学生和教师中影响很大，同时也促进了学校的教学改革。为此我校修订了教师、学生参加校外技能竞赛的奖励办法，组织第二课堂，加强学生实操训练，先后参加了“中原杯”“敦煌杯”“赣鄱杯”等竞赛活动，获奖学生的照片张贴在学校的宣传栏中，成为大家学习的榜样。协会组织的德育先进教师、校园文化建设评选活动，促进了学校德育工作的创新。教师通过参与水利中职教材编写工作，提升了教科研能力。

从事水利职业教育二十多年来，特别是与协会共同成长的这些年里，我从一名普通教师，成长为主管学生工作的副校长，后来又担当起校长的重任。在这个过程中，有组织的培养、同志们的关心、个人的勤奋，更让我心怀感激的是协会领导和全国水利职业教育同行们的支持和帮助。当学校遇到困难，求助于协会领导时，协会不仅给予力所能及的支持，还出主意想办法，帮助寻找解决问题的最有效办法；当学校急需帮助时，无论找到哪所院校的领导，都在最短的时间提供无私的支援。我感到是协会把水利职业教育的同仁们联系在一起，团结在一起。协会以为会员着想、为学校分忧、为水利事业提供服务的办会宗旨，赢得大家的信任、关心和爱戴。

不断前行的历史进程，一以贯之的战略要义，推动着中国水利职业教育抓住机遇、乘势而上，在“聚精会神搞建设，一心一意谋发展”的奋斗中，取得又好又快的发展成就；在日趋激烈的竞争中，收获着“风景这边独好”的豪迈自信。

二十年的经纬巨变，打开新的开阔视野；二十年的网络纵横，支撑新的腾跃起飞。

关山初度，路在前方。党的十八大胜利召开，美好蓝图令人振奋，崇高使命催人奋进。在协会成立二十周年的日子里，我们衷心祝愿全国水利职业院校在党的十八大精神指引下，为水利事业改革创新提供更多更优秀的技能型人才，在实现“中国梦”的伟大实践中，做出自己的贡献。

祝愿中国水利教育协会越办越兴旺！永远是水利人的梦想家园！

作者简介：郭军，高级讲师，北京水利水电学校校长，中国水利教育协会常务理事。

改革创新结硕果　继往开来谱华章

——贺中国水利教育协会成立二十周年

贾乃升　赵全洪

伴随着中国水利事业的改革与发展，中国水利教育协会走过了20年的风雨历程。如果把成立之初的协会比作一株破土萌发的幼苗，那么今天的协会已经成长为一棵枝繁叶茂的大树。作为一直受益于协会发展的漳卫南运河水利工作者，我们对协会二十年来取得的丰硕成果表示祝贺！对协会多年来给予我们工作上的支持与帮助表示感谢！

我局管辖的漳卫南运河是海河流域南系的主要排洪入海河道，发源于太行山，流经晋、豫、冀、鲁四省及天津市，入渤海，骨干河道由漳河、卫河、卫运河、漳卫新河和南运河组成，流域面积3.77万平方公里。回顾几十年来的工作历程，从一名普通干部，到漳卫南运河流域工程管理单位的负责人，虽然工作岗位几经变迁，工作内容几经变化，但我们始终秉承“人才是事业兴盛之本”的道理，一直把干部职工队伍的教育培养作为关键环节来抓，树立正确用人导向，注重思想引导和人才队伍的教育培养，而做好这些工作的思维方式、工作理念和实践经验，很多来自于协会的启发和帮助。尤其是协会发给我们的会刊、材料，在细细品读过程中，常常令我们如获至宝、豁然开朗。

协会始终坚定不移地贯彻党和国家的教育方针和政策，适时报道水利部党组对水利教育工作的指示精神，及时传达有关水利教育工作的政策法规和指导意见，传递水利教育的新理论、新动态，充分发挥了传递信息、宣传政策方面的优势，让我们能在繁杂的管理事务中，准确把握水利教育的走势与动向，增强了开展职工教育工作的针对性。

协会是服务水利人才队伍建设的“窗口”。经济社会的持续健康发展对水利的支撑和保障作用提出了更高要求，营造尊重知识，尊重人才，促使创新型人才脱颖而出的工作氛围比任何时期显得更为重要。协会关于人才教育培养方面的理论观点和各地的经验做法，思路超前，指导性强，为我们在实践中树立人才为本的理念、创新人才培养机制提供了很好的借鉴。

协会为水利同仁搭建了信息交流的平台。利用这个平台，我们有幸结识了很多水利行业的同仁，他们或为专家学者，理论水平深厚，治学态度严谨；或为单位领导，工作立意高远，实践经验丰富，在沟通交流中成了我们工作、学习和生活中的良师益友，在潜移默化之中，自身知识也得到了完善、境界得到了提升。

漳卫南运河多数基层水管单位地处偏远，工作和生活环境比较艰苦，开展理想信念教育，稳定职工队伍，引导干部职工扎根基层、献身水利，是基层水利部门领导的一项重要职责。而协会期刊登载了许多水利战线英模的先进事迹，他们虽然岗位环境不同，成长经历各异，但却都以自己的无悔选择践行着“献身、负责、求实”的水利行业精神。他们是水利人的学习标杆，是我们开展理想信念教育和思想政治工作的鲜活教材。

随着流域社会经济的发展，工业化、城镇化进程的持续推进，漳卫南运河河系水资源短缺、水污染严重、水生态恶化成为制约沿河小康社会建设和生态文明建设的重要因素，漳卫南运河水利事业发展迎来了机遇与挑战共存的新局面。面对新形势，漳卫南运河管理局党委认真贯彻落实中央1号文件和党的十八届三中全会精神，按照水利部和海委党组的治水思路，提出了“实现三大转

变，建设五大支撑系统”的工作思路。所谓三大转变，就是实现全局干部思想观念、发展理念、干部作风的全面转变；所谓五大支撑系统，就是建立漳卫南运河水资源立体调配工程系统、水资源监测管理系统、洪水资源利用及生态调度系统、规划与科技创新系统、综合管理能力保障系统。这一思路的提出进一步拓展了漳卫南运河管理的工作外延，必将有利于加快漳卫南运河水利事业的改革发展，提升漳卫南运河管理局在资源管理中的主体地位，推进水生态文明建设，为流域全面建成小康社会提供坚实的水利基础保障。新的形势和任务需要我局造就一大批会管理、懂技术、善经营的人才队伍，也对我们水利教育工作者提出了新的希望和要求。我们也恳切盼望中国水利教育协会继续搭建好连接水利行业、促进会员交流的平台，同时，我们将一如既往地支持协会的改革与发展，学习协会水利教育方面的新思想、新理念，借鉴各会员单位在人才教育和培养方面的新理论、新经验，参与协会举办的教育研讨和工作交流，更加努力地抓好人才队伍建设，为漳卫南运河水利事业发展提供强有力的人才支撑。

潮平两岸阔，风正一帆悬。今天，中国水利教育协会又站在了一个崭新的起点，而水生态文明建设也奏响了水利事业前进的新号角，时代赋予了我们更多的责任和希望，我们有理由相信，在水利部的正确领导下，中国水利教育协会定会续写创新发展的新篇章！

作者简介：贾乃升，高级经济师，海河水利委员会漳卫南运河管理局原副巡视员；赵全洪，工程师，海河水利委员会漳卫南运河德州河务局办公室主任。

桥梁纽带　良师益友

董雅平

时间过得飞快，转眼中国水利教育协会已成立20年了，作为一名水利教育工作者和中国水利教育协会成长过程的经历者及受益人，我衷心感谢中国水利教育协会所给予的教育关心和提供的良好锻炼机会，热烈祝贺中国水利教育协会成立20年！

20年来，中国水利教育协会秉承围绕中心、服务大局的宗旨，准确定位，努力当好政府及行政管理部门的参谋和助手，积极发挥自身的桥梁纽带作用，为各会员单位搭建了一个沟通、学习、合作、发展的有效平台，特别是在水利教育工作者队伍建设方面，中国水利教育协会充分发挥自身在理论学习、经验交流、调查研究、学术探讨等方面的优势，经常组织水利教育工作者进行培训和课题研究，成为水利教育工作者的良师益友，为提高水利教育工作者的综合素质，强化水利教育人才队伍建设，特别是提高水利教育工作者的教育科研水平起到了不可或缺的重要作用。中国水利教育协会成立之初，就积极配合人事教育部门组织开展了职工教育培训评估课题研究工作，不仅配合起草了一系列的评估文件，开展了评估实践及相关研究工作，而且申报并获准设立了全国教育科学规划重点课题（青年基金项目）——“职工教育管理与评估指标体系构建研究”，对职工教育培训评估工作进行了认真系统地分析研究，总结了经验，探讨了规律，提出了一整套有关职工教育培训工作的评估指标体系、工作程序、

评估方式方法等，得到了全国教育科学规划办聘请的专家组的肯定与好评；在即将进入21世纪的时候，中国水利教育协会在全行业组织了数百名教育工作者开展了“面向21世纪水利职工教育发展方向与模式研究”［水利部水利技术开发基金项目（SJ97735）］课题研究，花费了数年的时间，对面向21世纪水利职工教育的发展方向与模式进行了全面的调研，分析了大量的案例，系统学习了相关学科的理论知识，比较了国内外的相关实践，最终圆满完成了课题报告和相关成果，为人事教育行政管理部门制定水利教育发展计划及教育培训的相关文件提供了参考依据，其总课题报告荣获中国职协优秀成果一等奖；此后，中国水利教育协会又多次组织水利教育工作者开展各项培训调查、培训方式方法的研究、如何推动“产学研”工作的研究等等。数目大量、种类繁多、持续不断、系统全面、深入细致的课题研究，使得水利教育工作者得到了锻炼，增长了知识，提高了能力。

其一，为了搞好课题研究，中国水利教育协会及相关课题组，组织水利教育工作者认真学习教育理论和相关学科理论，学习相关方针政策，帮助水利教育工作者深化、扩充理论知识，更准确、全面掌握相关方针政策，提高了水利教育工作者的理论修养。

其二，组织水利教育工作者结合课题研究积极主动开展水利教育培训实践，尝试进行有关改革，帮助水利教育工作者丰富实践经验，增长实际工作的才干。

其三，组织水利教育工作者开展教育培训工作的调查研究，在调查研究中总结经验，交流体会，提高发现问题、分析问题和解决问题的能力。

其四，组织水利教育工作者进行比较研究，他山之石可以攻玉，通过学习分析国内外大量的案例，借鉴外部的好经验、好做法，有利于帮助水利教育工作者拓宽眼界，寻找规律，提高认识能力。

其五，组织水利教育工作者开展具体的课题研究，学习和掌握理论研究的方法；学习如何将教育培训工作的实践上升为理论；学习对实践的具体事件进行抽象，寻找普遍规律；学习如何建立工作实践的物理模型，并将物理模型转化为数学模型。帮助水利教育工作者提高了科研水平，推动了教育培训工作的开展。

回想当初，十几名、几十名乃至数百名来自一线的水利教育工作者面对面或通过网络在一起实践、学习、交流，为一个论点或概念争得脸红脖子粗，对一个好的经验或理论求知若渴，对一个研究方法或表述反复推敲斟酌……在中国水利教育协会搭建的这个良好平台上，在课题研究组这个和谐团队中，来自不同单位、不同地域的水利教育工作者，积极思考、勤奋学习、认真工作、大胆实践、主动沟通，建立了友谊，完成了研究，收获颇丰。

20年来，中国水利教育协会成绩斐然，不仅积极配合人事教育部门认真做好水利教育培训和相关工作，协助构建了一支适应水利改革发展需要的水利教育培训人才队伍，而且学术研究氛围浓厚，水平不断提高，收获了一批水利教育培训研究成果，在全国荣获了很多教育培训研究成果奖。衷心祝愿中国水利教育协会百尺竿头更进一步，取得更大更辉煌的成果！

作者简介：董雅平，研究员，长江水利委员会人劳局原教育处处长，中国水利教育协会原常务理事。

人才兴水利　教育是动力

——纪念中国水利教育协会成立二十周年

黄海江

弹指一挥间，中国水利教育协会（以下简称“协会”）已走过了二十年的发展历程，二十年的风雨兼程，二十年的激流勇进，二十年的服务奉献，二十年的春华秋实。自成立至今，协会始终以“保障服务”为宗旨，以“桥梁纽带”为定位，以“改革发展”为动力，迈出了坚定不移的步伐，走出了创新发展的新路：整体机制健康运行，服务水平不断提高，功能作用日益显现，为保障全国水利教育培训事业健康发展作出了积极的贡献。作为一名从业 38 年的水利教育工作者，我目睹了协会成长以及水利人才队伍逐渐壮大的整个过程，对协会二十年来取得的骄人成绩深感骄傲与自豪。下面结合我从事教育培训工作的经历谈一下对协会的认识。

“人才兴，事业兴”，教育培训事业是十年树木、百年树人的事业，也是春风化雨、润物无声的事业。自 1994 年 6 月 1 日中国水利教育协会召开第一次工作会议协会正式成立起，协会就承担起了促进水利教育事业发展，增强水利院校与行业的密切结合，推进水利终身教育体系和学习型组织建设，为水利事业发展提供人才支撑、智力保障；联系各类水利院校，参与国家对水利院校和专业的评估认证工作，拟订水利学科和专业建设的咨询意见和建议，协调各类院校的水利专业教材和培训教材建设工作，开展水利院校毕业生供求信息收集发布和咨询服务，引导毕业生到水利基层单位就业；开展水利院校教育资源普查、水利专业人才培养能力统计分析、人才需求预测和水利人才培养规格拟定工作，参与拟订水利教育培训规划和相关政策规定，参与水利职业资格制度建设；面向行业开展水利专业技术人才的继续教育和水利基层职工的职业培训工作，协调水利院校开展水利基层职工的学历教育工作；受水利部委托检查评估教育培训工作开展情况，评选表彰水利教育先进单位、先进个人和重视教育优秀领导，评审有关优秀教育成果；组织开展水利教育培训学术理论及相关课题研究，组织开展国内外教育培训考察、协作交流和业务技术咨询服务活动；沟通、交流各类水利教育教学和培训信息，编辑发行《中国水利教育与人才》杂志和有关书刊、资料；为会员单位和水利教育工作者服务，反映他们的意见和要求，维护其合法权等一系列繁杂而艰巨的任务。

协会在二十年的奋勇前进行程中，紧紧围绕党在不同时期的教育方针，着力于健全发展运行机制，推动不同培养模式与教育体系的建立。黄委作为协会的一名会员单位，在教育培训工作过程中严格按照协会的工作要求，在协会的指引下，结合自身实际，为推动治黄事业健康发展，在加强教育培训，提高队伍素质方面进行了积极的探索，取得了明显的效果。

一是培训面不断扩大。黄委加快扩大培训覆盖面，增加受训人次，深受广大干部职工好评。参加培训的人员有领导班子、中层干部和普通职工，使各层次的在职人员都能参加培训学习。结合实际工作，组织干部职工对日常工作中的业务知识进行深入学习，让每一个职工都能成为“多面手”，熟悉和掌握多项业务，无形当中提高了部门的工作效率，较好地完成各项了工作任务。

二是培训内容进一步丰富。黄委在培训内容上，始终坚持理论性与实践性相结合的原则，综合性与专业性相结合的原则，系统性与有效性相结合的原则。结合实际情况设置课程，培训班教学内容较为丰富，从国内水利行业竞争形势

到单位现状、从科学理论到治黄中心工作、从党的方针政策到各部门的具体业务等。

三是培训形式大胆创新。黄委在培训方式上广开渠道，采取各种形式，将在职培训和脱产培训相结合，长班与短班相结合，走出去与请进来相结合，系统学习与专题研讨相结合，国内学习与国外进修相结合，集中学习与自我学习相结合，取得了明显的效果。

四是培训管理更加严格。在培训工作中，黄委注重抓好“教”和“学”的管理。要求主讲人在授课时，充分利用多媒体教学手段，制作精美的教学课件；在上课时，注重教学的针对性，结合实际情况和授课主题进行教学，提高教学质量，使广大干部职工学有所得。在培训管理方面，实行严格的考勤制度，职工学习考勤由专人负责。职工听课人数齐、教学秩序好，培训班运转正常，培训效果比较显著。

水利教育培训，是提高广大水利职工素质的首要方法。协会在今后的发展过程中还要紧紧围绕科教兴水战略、水利人才开发战略的实施需要，结合习近平总书记系列讲话精神，继续贯彻落实党和国家有关教育工作的方针政策，立足我国水利教育现状，立足莘莘学子，为祖国水利事业输送人才。着眼于水利高等教育及在职教育发展规律的要求，着眼于水利现代化建设对人才培养的要求，着眼于水利高等教育及在职教育改革发展中出现的新情况、新问题，理清工作思路，与时俱进，开拓进取。提高水利学科专业教学质量，努力发现优秀人才。积极搭建水利院校、培训机构和相关企事业单位的交流合作平台。本着“缺什么补什么，用什么学什么”的原则，建立终身教育体系。继续为广大水利师生、广大水利职工以及教育工作者进行启迪和指引。

“人才兴水利　教育是动力”，2014 年不仅是第一个二十年的终点，更是下一个二十年的一个新的起点，协会将迎接新的目标、新的动力和新的挑战，我们满怀着对未来的新希望和憧憬，祝愿协会在今后的发展过程中处处生机盎然，在水利教育培训的广袤大地上挥舞蹁跹，为中国水利事业的腾飞做出更大的贡献！

作者简介：黄海江，研究员，黄河水利委员会人劳局调研员（原教育处处长），中国水利教育协会常务理事、学术委员会秘书长。

期刊情缘

定光国

往事历历，感慨很多，难以释怀。

记得那是1989年初，水利部原科教司及其全国水利职工教育学会，为了推动全国水利职工教育事业的发展，决定创办一本期刊《水利职工教育》，并把这一光荣使命委托给长江水利委员会。

同年春节后，作为具体承办这本刊物的长江水利委员会教育处处长尹维平，指派我和他一道赴水利部接受任务，研究相关具体事宜并聆听水利部科教司司长武韶英及其全国水利职工教育学会会长赵景欣的指示和要求。

回到武汉向长委党组书记潘天达汇报后，3月份便立即投入了紧张的筹备工作。1989年6月初，当时的武汉交通受阻，我两次从汉口去武昌都是艰难前进，到湖北省新闻出版局申办“内部期刊准印证”。几天后，形势迫使我找到一个“关系”，磨破嘴皮，反复讲明办刊宗旨，好不容易取得了那位年轻工作人员的首肯。

“准印证”总算办下来了。接下来，就是一系列的实战准备工作。而办一本刊物对我来说是毫无经验，不知从何下手。除了向全国各有关单位联系稿件外，摆在我面前的一项任务便是封面设计。于是，我翻遍各种兄弟部委同类杂志，希望从中得到启发。在经过几道设计方案修改后，总算拿出了一稿稚嫩的封面设计，勉勉强强让《水利职工教育》这本新创办的杂志创刊号于1989年8月得以出版。

说到出版，自然离不开印刷这一道关口。由于经费紧张，刚开始，我们编辑部找了长委一个家属小印刷厂，这个厂设备简陋，用的是最传统的铅字排版。一个字一个字地拈，一行一行地拼，劳动强度大，劳动效率又极低，一旦校对改版又得好一通折腾，一本杂志几十个页码不仅要耗费大量的排版时间，而且由于每个铅字的规格质量参差不齐，致使印刷出来的墨色深浅不一，叫人哭笑不得。两三年后，我们换了一个厂家，正文印刷才提升为激光照排。与此同时，封面印刷也先后换了四家印刷厂，直到1995年以后才相对进入稳定期。

在创刊号出版以后的几年里，我又大刀阔斧对封面设计在原来简单图案的基础上，逐步改变为使用一些艺术摄影图片，使期刊封面的艺术效果有了一个明显的改观。以后，又随着形势发展的需要，逐步过渡到在封面上使用一些质量较好的反映水利行业教育面貌的工作照。与此同时，对封二、封三和封底也逐步刊登各个教育培训机构的宣传图片，并在具体编排处理上精心设计，突出主题，收到较好的宣传效果，受到大家的欢迎。

一本期刊的设计上，封面的处理固然重要，内芯的版式设计和艺术处理也不可忽视。不论是版权页、目录页以及正文内芯的书眉、标题的艺术处理方面，也都努力做到既美观大方又不流于花哨，既要严肃又要活泼。总之，要让读者捧在手上有赏心悦目、乐于阅读的兴致，使这本刊物从某种角度上达到较好的宣传效果。

经过几年的打磨，终于使这本刊物逐步改变和完善了它的模样。在一次送湖北省新闻出版局年审时，该局期刊处处长在看了我们的期刊后说："现在这本杂志终于像一本杂志了。"

1993年和1996年，国家部委教育期刊研究会先后分别在西安与北京召开

“国家部委教育期刊评审会”，铁路、地质、化工、国防科委等几十家国家部委教育期刊编辑部均派代表与会。在这两次评审会上，分别评选出5家优秀教育期刊，《水利职工教育》期刊两次都入选。其评比条件为：期刊的封面设计及其封二、封三和封底的编排是否美观、合理、有无错误；内芯的版权页、目录页和正文栏目书眉和标题处理等艺术设计是否美观大方、正确无误等。而这些条件所规定的内容也正是我在编辑部自泰安会议期间，领导上明确分工我所承担的内容。通过这两次的评比，我感觉自己平时所做的工作能够得到国家部委教育期刊同行们的认可，是一种鞭策、鼓励和促进。我深深感到自己肩上的责任和压力越来越大。

当然，《水利职工教育》期刊被评为国家部委教育优秀期刊，这是学会的荣誉，是编辑部的荣誉，应当归功于领导的正确英明，而我作为一个编辑部成员，只是做了我本应该做的一份具体工作而已。

1994年，随着我国水利事业的蓬勃发展和水利人才培养的不断需求，中国水利教育协会也应运而生。协会发挥自身优势，充分发挥桥梁和纽带作用，大力开展各种相关活动，积极推动水利教育事业的发展，于2006年初将原有的《水利职工教育》《水利高等教育》和《水利职业技术教育》三本期刊进行整合，改名为《中国水利教育与人才》，并将编辑部仍然放在长江水利委员会，由《水利职工教育》编辑部原班人员继续操作。这对于我们搞具体工作的人员来说，无疑加重了担子，增加了压力。但我们全体工作人员仍一如既往、砥砺前行、努力做到不辜负全国广大水利教育工作者的重托。

从杂志创刊到后来我和编辑部全体同志共同培育的这本杂志，从蹒跚学步到茁壮成长，如同抚育一个孩子，心中真是割舍不下自己亲手参与摸爬滚打这本杂志的特殊情感，更忘不了领导上一直对我的培养，忘不了全国各水利教育单位同志们一直对我工作的支持。在工作需要的前提下，我们不计每月仅三五百元的报酬，依然留在编辑部，继续为这本期刊贡献自己的余热。秉着不“占着岗位不出力”、不“这山望着那山高”的毅力，继续坚持工作。从参与创刊到2010年底，我在编辑部整整工作了22年，期间不曾有一天间断，是在编辑部工作年限最长的一员。这以后，编辑部开始增加新的力量，我也到了可以离开的时候了。

回顾自己在编辑部工作的22年里，我深感到要办好一本期刊，一是离不开全国水利职工教育学会和后来的中国水利教育协会的领导，二是离不开全国各水利教育单位和作者的鼎力支持和帮助，三是离不开编辑部全体同仁的团结合作。正所谓“众人拾柴火焰高”，广大读者说这本刊物好，那才是真的好。

这几年，随着编辑部新的力量不断充实，年轻人思维敏捷、思路开阔、接受新事物快，又能掌握现代技能。值此中国水利教育协会成立20周年之际，我衷心祝愿《中国水利教育与人才》这本期刊，在协会的领导下越办越好，再上新台阶，成为同行中的翘楚。

作者简介：定光国，政工师，《水利职工教育》《中国水利教育与人才》资深编辑。

理事名单

（按姓氏笔画顺序排列）

中国水利教育协会
第一届理事会名单

(一) 领导成员名单

	姓名	单位	职务	职称
名誉理事长：	张春园	水利部	副部长	
理事长：	张季农	水利部	原副部长	
常务副理事长：	高而坤	水利部人事劳动教育司	副司长	
副理事长：	王克修	华北水利水电学院	院长	副教授
	方五庆	浙江省水电干部学校	校长	
	孙忠祖	水利部办公厅	主任	教授
	吴光文	广西水电学校	校长	高级讲师
	陈自强	水利部人事劳动教育司学校处	处长	高级工程师
	邵平江	黄河水利学校	校长	副教授
	郑金全	福建水利电力学校	校长	高级工程师
	赵景欣	水利部人事劳动教育司		教授级高级工程师
	姜弘道	河海大学	校长	教授
	黄自强	黄河水利委员会	副主任	教授级高级工程师
	谢汉祥	广东省水电厅	副厅长	
	窦以松	北京水利水电管理干部学院		教授
	潘安福	武汉水利电力大学	副校长	教授

秘书长：窦以松（兼）

（二）副秘书长名单

李乃升	水利部人事劳动教育司成教处	调研员	高级工程师
李肇桀	水利部人事劳动教育司学校处	副处长	工程师
吴本陵	华北水利水电学院图书馆	馆长	教授
余爱民	黄河水利学校	教研组长	讲师
张智怀	河海大学高教研究所	所长	教授
周京梅	宁夏水利厅科教处	副处长	工程师
彭建明	水利部人事劳动教育司成教处	副处长	高级经济师

（三）常务理事及理事名单

万汉华	湖北省水利厅	副厅长		常务理事
王金玉	海河水利委员会漳卫南运河管理局	书记		常务理事
方春生	黄河水利技工学校	校长	高级讲师	常务理事
尹维平	《水利职工教育》	主编	副教授	常务理事
田思恭	陕西省水电工程局	局长		常务理事
刘新仁	河海大学	副校长	教授	常务理事
孙晶辉	水利部人事劳动教司司学校处	干部		常务理事
李志强	河北省水利厅	厅长		常务理事
邸生有	甘肃省水利厅人教处	处长		常务理事
宋太炎	南昌水利水电高等专科学校	校长	教授	常务理事
陆义宗	长江水利水电学校	副校长	高级讲师	常务理事
林孝芳（女）	北京市水利局科教处	副处长	工程师	常务理事
周京梅（女）	宁夏水利厅科教处	副处长	工程师	常务理事

胡沛成	河海大学机械学院	院长	教授	常务理事
侯　墉	北京水利水电学校	校长	高级讲师	常务理事
倪定非	松辽水利委员会科教处	处长		常务理事
徐士忠	海河水利委员会人劳处	副处长		常务理事
陶国安	辽宁省水利学校	校长		常务理事
黄　新	黄河水利学校	副校长	高级讲师	常务理事
雷志栋	清华大学水利水电工程系	主任	教授	常务理事
雷声隆	武汉水利电力大学水利学院	院长	教授	常务理事
石新启	河北省水利厅科教处	副处长		理　事
卢森林	四川省水电厅科教处	副处长		理　事
叶庆俦	山西省水利厅科教处	处长		理　事
徐才洪	四川联合大学水电学院	副院长	副教授	理　事
徐寿钧	河海大学成人教育学院	处长	副研究员	理　事
黄玉璋	北京市水利局科教处	处长	高级工程师	理　事
戚绍玉	河南省水利厅科教处	处长		理　事
董廷松	河海大学科研处	处长	副研究员	理　事
雷克昌	华北水利水电学院	副院长	教授	理　事
谭家璇	云南省水电厅科教处	副处长		理　事

中国水利教育协会
第二届理事会名单

（一）领导成员名单

名誉理事长：	索丽生	水利部	副部长	
	张季农	水利部	原副部长	
理事长：	朱登铨	水利部	原副部长	
常务副理事长：	陈自强	水利部人事劳动教育司	副司长	
副理事长：	王志锋	南昌水电高等专科学校	校长	教授
	刘宪亮	黄河水利职业技术学院	院长	教授
	严大考	华北水利水电学院	院长	教授
	李兴旺	安徽水利职业技术学院	主任	高级讲师
	李新民	黄河水利委员会人劳局	局长	高级经济师
	张渝生	水利部人才资源开发中心	主任	高级经济师
	陈再平	长江水利水电学校	副校长	副教授
	姜弘道	河海大学	校长	教授
	徐维浩	北京市水利局	副局长	高级工程师
	黄自强	黄河水利委员会	副主任	教授级高级工程师
	彭泽英	广东省水利厅	副厅长	
	傅秀堂	长江水利委员会	副主任	教授级高级工程师

窦以松　教育协会第一届理事会　秘书长　教授

秘　书　长：彭建明　水利部人才资源开发中心　副主任　研究员

（二）副秘书长名单

姓名	单位	职务	职称
王秀茹	北京林业大学	秘书长	副教授
王集权	高等教育分会	秘书长	教授
刘连英	职工教育分会	秘书长	高级讲师
孙凤华	北京市水利局科教处	副处长	高级工程师
孙晶辉	水利部人事劳动教育司教育处	主任科员	高级工程师
余爱民	职业技术教育分会	秘书长	副教授
董雅平	长江水利委员会人劳局教育处	副处长	副教授

（三）常务理事及理事名单

姓名	单位	职务	职称	理事职务
王育阳	陕西省水电工程局	总工	教授级高级工程师	常务理事
王　铁	黑龙江省水利厅	副厅长	教授级高级工程师	常务理事
毕苏谊	长江水利委员会人劳局	局长	高级经济师	常务理事
刘光临	武汉大学高教所	所长	教授	常务理事
刘　超	扬州大学	副校长	教授	常务理事
刘德富	三峡大学	党委副书记、副校长	教授	常务理事
江　勇	福建省水利电力学校	校长	高级讲师	常务理事
杜平原	河南省郑州水利学校	校长	高级讲师	常务理事

杨华英	江西省水利厅人事教育处	处长		常务理事
李效栋	甘肃省水电厅	副厅长	高级工程师	常务理事
李　靖	西北农林科技大学	副校长	教授	常务理事
吾甫尔	新疆水利厅科教处	处长	高级工程师	常务理事
邱国强	广东省水利职业技术学院	副院长	副教授	常务理事
邸生有	甘肃省水电工程局	副局长	高级工程师	常务理事
汪景仁	河北省水利工程局	副局长		常务理事
张庆华	汉江集团公司	副总经理	高级政工师	常务理事
张德新	吉林省水利厅	副厅长		常务理事
陈永灿	清华大学土木水利学院	副院长	教授	常务理事
陈建康	四川大学水电学院	副院长	教授	常务理事
陈　楚	水利部人教司教育处	处长	高级工程师	常务理事
罗松柏	四川省水利厅	副厅长		常务理事
周孝德	西安理工大学	副校长	教授	常务理事
周　晶	大连理工大学土木学院	院长	教授	常务理事
周德育	北京水利水电学校	校长	高级讲师	常务理事
承　涛	水利部人才资源开发中心培训处	处长	副教授	常务理事
徐传清	山东省水利高级技工学校	书记		常务理事
徐瑞启	黑龙江水利高等专科学校	校长	副研究员	常务理事
谈广鸣	武汉大学水利水电学院	院长	教授	常务理事
黄海江	黄委会人劳局教育处	副处长	高级经济师	常务理事
遇桂春	山东省水利学校	校长	高级讲师	常务理事

姓名	单位	职务	职称	协会职务
曾志军	广西水电学校	副校长	高级讲师	常务理事
解爱国	山西省水利学校	校长	高级讲师	常务理事
熊昌健	四川省水利电力学校	校长	高级讲师	常务理事
丁坚钢	浙江水利水电学校	校长	高级讲师	理　事
马　民	河海大学成教学院	院长	副研究员	理　事
王建国	陕西省水利教育协会	副理事长	馆员	理　事
韦普和	江苏省水利厅科教处	主任科员		理　事
史海滨	内蒙古农业大学土木学院	副院长	教授	理　事
白景富	辽宁省水利学校	校长	高级讲师	理　事
吕永毅	山东省水利厅科教处	助调		理　事
朱新玲	广西水利厅人教处	副处长	高级政工师	理　事
任晓力	华北水电学院（邯郸）	副院长	教授	理　事
伊辉鹏	水利部东北干部教育中心	主任	高级工程师	理　事
刘玉玲	华北水利水电学院高教室	主任	教授	理　事
刘幼凡	贵州水利电力学校	副校长	副教授	理　事
刘　锐	四川水电厅人教处	副处长		理　事
买买提江·夏克尔	新疆水电学校	代校长	高级讲师	理　事
孙金华	南京水利科学研究院	副院长	高级经济师	理　事
杨培岭	中国农大水利土木学院	副院长	副教授	理　事
李开勤	成都水力发电学校	副校长	副教授	理　事
李国学	辽宁省大伙房水库管理局	副局长	高级工程师	理　事
李继忠	吉林水利水电学校	校长		理　事
李朝晖	华中理工大学水电系	副主任	教授	理　事

吴曾生	黄河水利职业技术学院	原副院长	副教授	理　事
宋　平	海河水利委员会人教处	副处长	政工师	理　事
宋金山	河南省水利厅科技教育处	处长	高级工程师	理　事
张长贵	北京水利水电学校	书记	高级讲师	理　事
张成文	辽宁省水利厅科教外事处	处长	高级讲师	理　事
张华平	河北省水利厅科教处	副处长		理　事
张劲萌	上海市水务局组织人事处	副处长	政工师	理　事
张建国	山西省水利水电学校	校长助理	高级讲师	理　事
张朝晖	杨凌职业技术学院	院长	高级讲师	理　事
陈永忠	湖北省水利水电学校	副校长	高级讲师	理　事
陈永根	浙江省水利厅人教处	副处长		理　事
陈宗海	陕西省水利厅科教处	处长		理　事
陈绍金	湖南省水利厅科教处	处长	工程师	理　事
荀国君	新疆喀什水电学校	书记	高级政工师	理　事
易定明	重庆市水利局组织人事处	处长		理　事
侍克斌	新疆农大水利土木学院	院长	教授	理　事
练继建	天津大学建筑工程学院	副院长	教授	理　事
孟振兴	江西省水电学校	校长	高级讲师	理　事
赵世杰	丹江口水利职工大学	校长	副教授	理　事
胡沛成	河海大学常州校区	原校长	教授	理　事
俞亚南	浙江大学土木工程系	副主任	副教授	理　事
姚树志	汉江集团人才资源部	部长		理　事
夏洪峰	松辽委人事教育处	副处长	工程师	理　事

高文斌	内蒙古水利学校	校长	高级讲师	理　事
郭唐义	长江水利委员会教育中心	副主任	副教授	理　事
陶阿兴	长江水利委员会教育中心	主任	副教授	理　事
黄世钧	浙江水利水电专科学校	校长		理　事
曹叔尤	四川大学水电工程学院	院长	教授	理　事
程时泉	湖北省水利厅科教处	处长		理　事
储成流	安徽省水利教育协会	秘书长	助理调研员	理　事
温伟强	广东省水利厅科教处	副处长	高级工程师	理　事
廖文化	浙江水利水电学校	书记	高级讲师	理　事
熊耀湘	云南农业大学水电研究所	所长	教授	理　事
潘斌生	湖南省水利水电学校	校长	高级讲师	理　事

中国水利教育协会
第三届理事会名单

（一）领导成员名单

名誉会长：	胡四一	水利部	副部长	
	朱登铨	水利部	原副部长	
会　　长：	周保志	水利部	原部党组成员	
副 会 长：	王志锋	南昌工程学院	院长	教授
	乌斯满·沙吾提	新疆维吾尔自治区水利厅	书记	高级工程师
	刘宪亮	黄河水利职业技术学院	院长	教授
	严大考	华北水利水电学院	院长	教授
	杜平原	河南省郑州水利学校	校长	高级讲师
	李兴旺	安徽水利水电职业技术学院	院长	教授
	张长宽	河海大学	校长	教授
	张寿全	北京市水务局	副局长	研究员
	陈自强	水利部人事劳动教育司	巡视员	教授级高级工程师
	陈　楚	水利部人才资源开发中心	主任	教授级高级工程师
	茜平一	广东水利电力职业技术学院	院长	教授
	徐　乘	黄河水利委员会	副主任	高级经济师
	谈广鸣	武汉大学水利水电学院	院长	教授

彭建明	中国水利教育协会	秘书长	研究员
熊　铁	长江水利委员会	副主任	教授级高级工程师

秘 书 长：彭建明（兼）

（二）副秘书长名单

王集权	中国水利教育协会高等教育分会	秘书长	教授
孙晶辉	水利部人事劳动教育司教育培训处	处长	高级工程师
余爱民	中国水利教育协会职业技术教育分会	秘书长	副教授
郭唐义	中国水利教育协会职工教育分会	秘书长	副教授

（三）常务理事及理事名单

丁坚钢	浙江同济科技职业学院（筹）	书记	高级政工师	常务理事
毕苏谊	长江水利委员会人事劳动教育局	局长	高级经济师	常务理事
刘占周	河北工程大学	校长	教授	常务理事
刘连英	中国水利教育协会职工教育分会	副理事长	高级讲师	常务理事
刘建林	云南省水利水电学校	校长	高级讲师	常务理事
刘建明	黄河水利委员会人事劳动教育局	副局长	教授级高级工程师	常务理事
刘　超	扬州大学	副校长	教授	常务理事
江　勇	福建水利电力职业技术学院	院长	副教授	常务理事
安　文	中国水利教育协会人才研究工作部	主任	教授	常务理事
李建林	三峡大学	副校长	教授	常务理事

李海峰	广西水利电力职业技术学院	书记	副研究员	常务理事
吴胜兴	河海大学教务处	处长	教授	常务理事
何　明	中国水利水电建设集团公司人力资源部	副主任	高级经济师	常务理事
余锡平	清华大学水利系	主任	教授	常务理事
汪景仁	河北省水利工程局	副局长	高级经济师	常务理事
张汝石	水利部建设与管理司	副巡视员	教授级高级工程师	常务理事
张　忠	山东省水利技术学院	院长	研究员	常务理事
张朝晖	杨凌职业技术学院	院长	教授	常务理事
张新玉	水利部规划计划司	副巡视员	教授级高级工程师	常务理事
陈大勇	水利部农村水电及电气化发展局	副局长	高级经济师	常务理事
陈邦峰	中国葛洲坝水利水电工程集团公司	副总经理	教授级高级工程师	常务理事
陈再平	长江工程职业技术学院	院长	副教授	常务理事
陈明忠	水利部国际合作与科技司	副司长	教授级高级工程师	常务理事
陈建康	四川大学水利水电学院	副院长	教授	常务理事
陈荣仲	四川省水利厅	副厅长		常务理事
陈晓军	水利部水资源管理司	副巡视员	高级经济师	常务理事
陈道敏	安徽省水利厅	副巡视员		常务理事
周　晶	大连理工大学土木建筑学院减灾中心	主任	教授	常务理事

赵惠新	黑龙江大学	副校长	教授	常务理事
胥信平	黑龙江省水利厅	副厅长	高级工程师	常务理事
姚树志	汉江水利水电（集团）有限责任公司	副总经理	高级经济师	常务理事
顾斌杰	水利部农村水利司	副巡视员	高级工程师	常务理事
钱　敏	淮河水利委员会	主任	教授级高级工程师	常务理事
郭　军	北京水利水电学校	校长	高级讲师	常务理事
浦晓津	水利部直属机关党委	副巡视员	高级政工师	常务理事
陶阿兴	中国水利教育与人才编辑部	副主编	副教授	常务理事
黄海江	中国水利教育协会学术委员会	秘书长	高级工程师	常务理事
黄　强	西安理工大学水利水电学院	院长	教授	常务理事
符宁平	浙江水利水电专科学校	校长	教授	常务理事
遇桂春	山东省水利职业学院	书记	教授	常务理事
解爱国	山西水利职业技术学院	院长	副教授	常务理事
赫崇成	水利部财务经济司	副巡视员	研究员	常务理事
蔡德所	广西壮族自治区水利厅	副厅长	教授	常务理事
熊昌健	四川水利职业技术学院	院长	副教授	常务理事
丁时杰	海南省水务局机关党委	副书记		理　事
卫洪达	上海市水务局人事处	处长	高级经济师	理　事
马　民	河海大学出版社	社长	副研究员	理　事
马国力	黄河水利委员会人事劳动教育局教育处	副处长	高级工程师	理　事
王小梅	山西省水利厅人教处	副处长		理　事

姓名	单位	职务	职称	理事会职务
王志凯	河南省漯河水利技工学校	校长	高级讲师	理　事
王宏伟	三峡电力职业学院	副院长	副教授	理　事
王苗娣	海河水利委员会人教处	副处长	高级经济师	理　事
王国仪	中国水利水电出版社	总编辑	编审	理　事
王金平	淮河水利委员会人事处	处长	高级经济师	理　事
王学东	内蒙古自治区水利厅科教处	处长	高级工程师	理　事
王治明	水利水电规划设计总院	副书记	教授级高级工程师	理　事
王春明	河南省水利水电学校	校长	高级讲师	理　事
王铁良	沈阳农业大学水利学院	院长	教授	理　事
王　槟	中水东北勘测设计研究有限责任公司人事处	处长	教授级高级工程师	理　事
韦振宇	天津市水利局人事处	副处长	工程师	理　事
文　俊	云南农业大学水利水电与建筑学院	院长	教授	理　事
田壮飞	黑龙江省水利水电勘测设计研究院	书记	教授级高级工程师	理　事
田军仓	宁夏大学土木与水利工程学院	院长	教授	理　事
史海滨	内蒙古农业大学水利土木建筑工程学院	院长	教授	理　事
白景富	沈阳农业大学高等职业技术学院	院长	教授	理　事
成自勇	甘肃农业大学工学院	院长	教授	理　事
成京生	水利部综合事业局	副书记	高级经济师	理　事

朱新玲	广西壮族自治区水利电力勘测设计研究院	书记	高级讲师	理　事
任玉珊	长春工程学院	副院长	教授	理　事
华正亭	广东水电二局股份有限公司人力资源部	部长	高级工程师	理　事
刘国俊	甘肃省水利水电学校	书记	高级讲师	理　事
刘治映	湖南水利水电职业技术学院	院长	副教授	理　事
刘福胜	山东农业大学水利土木工程学院	院长	教授	理　事
刘德有	国际小水电中心	副主任	教授	理　事
买买提江·夏克尔	新疆水利水电学校	校长	高级讲师	理　事
孙凤华	北京市水务局科教处	副处长	高级工程师	理　事
孙兴民	河北工程技术高等专科学校	副校长	教授	理　事
孙志林	浙江大学水利与海洋工程系	主任	教授	理　事
严　锋	云南省水利厅人事处	处长		理　事
杨东利	南京水利水电科学研究院人事处	副处长	高级经济师	理　事
杨培岭	中国农业大学水利与土木工程学院	书记	教授	理　事
杨　辉	丹江口职工大学	校长	副教授	理　事
杨　键	贵州省水利厅人事处	处长		理　事
李开勤	四川电力职业技术学院	副院长	副教授	理　事
李有华	华北水利水电学院继续教育学院	院长	副教授	理　事
李　华	丰满水电高级技工学校	副校长	高级讲师	理　事

李旷云	湖南省水利厅科教处	处长	高级工程师	理　事
李冠华	河海大学继续教育学院	院长	副教授	理　事
李继忠	长春水利电力学校	校长	高级工程师	理　事
吴世凡	南水北调中线水源公司人力资源部	主任	高级政工师	理　事
吴　松	重庆水利电力职业技术学院	院长	高级讲师	理　事
时　昕	长江水利委员会人事劳动教育局	巡视员	研究员	理　事
余新晓	北京林业大学水土保持学院	院长	教授	理　事
辛全才	西北农林科技大学水利与建筑学院	副院长	教授	理　事
张成业	青海省水利厅人教处	副调研员	经济师	理　事
张华平	河北省水利厅科教处	副处长		理　事
张晓迅	江苏省水利厅人事处	副调研员		理　事
张　超	河南黄河河务局人劳处	处长	教授级高级工程师	理　事
陈永根	浙江省水利厅科教处	副处长		理　事
陈　丽	河南省水利厅科教处	副处长	经济师	理　事
陈道文	中国水利水电科学研究院人事处	处长	高级政工师	理　事
范春梅	松辽水利委员会人教处	处长	主任编辑	理　事
林叔忠	广东省水利厅科教与外经处	处长		理　事
易定明	重庆市水利局组织人事处	处长		理　事
侍克斌	新疆农业大学水利与土木工程学院	院长	教授	理　事

周江红	江西省水利厅组织人事处	处长		理事
周建中	华中科技大学水电工程学院	院长	教授	理事
周建方	河海大学常州校区管委会	主任	教授	理事
庞志广	吉林省水利厅人事处	处长		理事
郑雪峰	淮河水利委员会沂沭泗水利管理局人事处	处长	高级政工师	理事
练继建	天津大学建筑工程学院	院长	教授	理事
赵国民	三门峡黄河明珠（集团）有限公司人力资源部	部长	高级工程师	理事
赵　敖	山东省水利厅科教处	处长		理事
柳钧正	宁夏回族自治区水利学校	校长	工程师	理事
钟卫领	太湖流域管理局人教处	处长	教授	理事
侯学华	山东黄河河务局人劳处	处长	高级政工师	理事
洪淑艳	辽宁省水利厅科教处	处长		理事
骆　莉	水利部人事劳动教育司教育培训处	主任科员	工程师	理事
徐德毅	长江水利委员会长江科学院	副院长	教授级高级工程师	理事
殷升光	河北省水利水电勘测设计研究院	纪委书记	高级政工师	理事
高　平	福建省水利厅人教处	副处长		理事
涂曙明	中国水利报社	副书记	主任编辑	理事
黄开道	广西壮族自治区水利厅人教处	副处长		理事

崔学文	小浪底水利枢纽建设管理局人劳处	处长	高级工程师	理　事
章仲虎	江西省水利水电学校	副校长	高级讲师	理　事
董雅平	长江水利委员会人事劳动教育局教育处	处长	研究员	理　事
韩洪建	湖北水利水电职业技术学院	院长	副教授	理　事
韩福君	黑龙江省水利厅人教处	副处长	高级工程师	理　事
程时泉	湖北省水利厅科教处	处长		理　事
楼沧潭	珠江水利委员会人教处	副处长	高级政工师	理　事
雷小平	甘肃省水利厅人教处	副处长	高级政工师	理　事
满　斌	新疆维吾尔自治区水利厅人事处	处长	经济师	理　事
管黎宏	陕西省水利厅人教处	处长		理　事
廖露霖	黄河万家寨水利枢纽有限公司人力资源部	主任	高级政工师	理　事

中国水利教育协会 第四届理事会名单

（一）领导成员名单

名誉会长：	胡四一	水利部	副部长	
	朱登铨	水利部	原副部长	
会　　长：	周保志	水利部	原部党组成员	
副 会 长：	刘国际	黄河水利职业技术学院	院长	教授
	江　洧	广东水利电力职业技术学院	院长	教授级高级工程师
	孙高振	水利部人事司	副司长	高级工程师
	严大考	华北水利水电大学	校长	教授
	李兴旺	安徽水利水电职业技术学院	院长	教授
	李建林	三峡大学	党委书记	教授
	李燕明	中国电力建设集团有限公司	总经理助理	教授级高级工程师
	陈　飞	长江水利委员会	纪检组长	教授级高级工程师
	陈自强	水利部原人事劳动教育司	巡视员	教授级高级工程师
	陈　楚	水利部人才资源开发中心	主任	教授级高级工程师
	金志农	南昌工程学院	校长	研究员

徐　乘	黄河水利委员会	副主任	研究员
徐章文	山东省水利厅	副厅长	研究员
徐　辉	河海大学	校长	教授
谈广鸣	武汉大学	副校长	教授
彭建明	中国水利教育协会	副会长	研究员

秘书长：彭建明（兼）

（二）副秘书长名单

阮怀宁	中国水利教育协会高等教育分会	秘书长	教授
孙晶辉	水利部人事司人才与培训处	处长	高级工程师
余爱民	中国水利教育协会职业技术教育分会	秘书长	副教授
郭唐义	中国水利教育协会职工教育分会	秘书长	副教授

（三）常务理事及理事名单

丁坚钢	浙江同济科技职业学院	党委书记	研究员	常务理事
于纪玉	山东水利职业学院	院长	教授	常务理事
万海斌	国家防汛抗旱总指挥部办公室	副主任	教授级高级工程师	常务理事
王步新	河北省水利工程局	局长	教授级高级工程师	常务理事
王治明	水利部水利水电规划设计总院	党委副书记	教授级高级工程师	常务理事
邓振义	杨凌职业技术学院	院长	教授	常务理事
叶　舟	浙江水利水电学院	院长	教授级高级工程师	常务理事

叶景文	河北工程技术高等专科学校	书记、校长	教授	常务理事
田军仓	宁夏大学	副校级调研员	教授	常务理事
冯中朝	长江工程职业技术学院	院长	教授	常务理事
成京生	水利部综合事业局	党委副书记	高级经济师	常务理事
毕苏谊	长江水利委员会人劳局	局长	高级经济师	常务理事
任玉珊	长春工程学院	副院长	教授级高级工程师	常务理事
刘延明	广西水利电力职业技术学院	院长	教授	常务理事
刘建林	云南省水利水电学校	党委书记	高级讲师	常务理事
刘建明	四川水利职业技术学院	院长	教授级高级工程师	常务理事
江　勇	福建水利电力职业技术学院	院长	副教授	常务理事
孙桐传	山东水利技师学院	院长	高级讲师	常务理事
杨言国	甘肃省水利水电学校	校长	高级讲师	常务理事
杨培岭	中国农业大学水利与土木工程学院	党委书记	教授	常务理事
杨　键	贵州省水利厅	副巡视员		常务理事
李畅游	内蒙古农业大学	校长	教授	常务理事
吴　敏	黑龙江大学水利电力学院	院长	教授	常务理事
宋志宏	长江水利委员会水文局	党组书记	高级工程师	常务理事
张文彪	四川省水利厅	副厅长	教授级高级工程师	常务理事
张光荣	重庆市水利局	党组成员		常务理事

张新玉	水利部水土保持司	巡视员	教授级高级工程师	常务理事
陈东明	中国水利水电出版社	副社长	主任编辑	常务理事
陈永灿	清华大学土木水利学院	院长	教授	常务理事
陈邦峰	中国葛洲坝集团公司	原副总经理	教授级高级工程师	常务理事
陈绍金	湖南水利水电职业技术学院	党委书记	教授	常务理事
陈海梁	贵州省水利电力学校	校长	副教授	常务理事
陈家华	汉江水利水电（集团）有限责任公司	副总经理	高级工程师	常务理事
凯色尔·阿不都卡的尔	新疆维吾尔自治区水利厅	副厅长	高级工程师	常务理事
金志农	南昌工程学院	校长	研究员	常务理事
周孝德	西安理工大学	党委书记	教授	常务理事
练继建	天津大学建筑工程学院	院长	教授	常务理事
赵国训	黄河水利委员会人劳局	局长	研究员	常务理事
赵高潮	河南水利与环境职业学院	院长	高级讲师	常务理事
顾斌杰	水利部农村水利司	副司长	教授级高级工程师	常务理事
钱　敏	淮河水利委员会	主任	教授级高级工程师	常务理事
徐元明	水利部建设与管理司	副司长	教授级高级工程师	常务理事
高丹盈	郑州大学	副校长	教授	常务理事
郭　军	北京水利水电学校	校长	高级讲师	常务理事

涂曙明	中国水利报社	党委书记	主任编辑	常务理事
黄海江	中国水利教育协会学术委员会	秘书长	研究员	常务理事
符宁平	浙江水利水电学院	党委书记	教授级高级工程师	常务理事
彭　锋	湖北水利水电职业技术学院	院长	教授级高级工程师	常务理事
韩全林	江苏省水利厅	党组成员		常务理事
奥雨迎	山西省水利厅	纪检组长		常务理事
赫崇成	水利部财经司	副司长	研究员	常务理事
潘　安	嫩江尼尔基水利水电有限责任公司	总经理	教授级高级工程师	常务理事
燕柳斌	广西大学	党委副书记	教授	常务理事
万军伟	中国地质大学（武汉）环境学院水资源与水文地质系	主任	教授	理　事
卫洪达	上海市水务局人事处	处长	高级经济师	理　事
马玉敏	中国水利水电第八工程局有限公司高级技工学校	校长	高级讲师	理　事
马永恒	淮河水利委员会沂沭泗水利管理局人事处	处长	高级工程师	理　事
马合木提	新疆喀什水利水电学校	校长	高级讲师	理　事
王卫东	黄河水利职业技术学院	副院长	教授	理　事
王云琦	北京林业大学水土保持学院	副院长	副教授	理　事
王长荣	酒泉职业技术学院	副院长	教授	理　事
王　平	河海大学出版社	社长	副教授	理　事
王立忠	浙江大学建筑工程学院	副院长	教授	理　事

王多银	重庆交通大学河海学院	院长	教授	理　事
王志凯	河南省漯河水利技工学校	校长	高级讲师	理　事
王苗娣	海河水利委员会人事处	副处长	高级经济师	理　事
王春生	山东黄河河务局人事劳动处	处长	高级政工师	理　事
王荣祥	内蒙古自治区水利厅科教处	处长		理　事
王彧杲	长春水利电力学校	校长	高级工程师	理　事
王　航	黄河万家寨水利枢纽有限公司人力资源部	主任	经济师	理　事
王海军	昆明理工大学电力学院	副院长	教授	理　事
王　辉	河南省水利水电学校	校长	高级讲师	理　事
王集权	南京东方工程学院	院长	教授	理　事
王　蓉	四川电力职业技术学院	副院长	副教授	理　事
王路平	黄河水利出版社	副社长	编审	理　事
韦振宇	天津市水务局人事处	调研员	工程师	理　事
尤建青	中国水利水电科学研究院人事处	处长	高级经济师	理　事
毛永强	浙江省水利厅人事教育处	副处长	讲师	理　事
石尚书	四川水电高级技工学校	校长	高级讲师	理　事
叶含春	塔里木大学水利与建筑工程学院	院长	教授	理　事
史宏达	中国海洋大学工程学院	院长	教授	理　事
史明瑾	水利部人才资源开发中心	副主任	高级经济师	理　事
白景富	辽宁水利职业学院	院长	教授	理　事

邢义川	中国水利水电科学研究院研究生部	主任	教授级高级工程师	理　事
西　曲	西藏自治区水利厅政工人事处	处长	工程师	理　事
成自勇	甘肃农业大学工学院	院长	教授	理　事
吕希银	河北水利水电勘测设计研究院人事处	处长	教授级高级工程师	理　事
朱仁庆	江苏科技大学船舶与海洋工程学院	党委书记	教授	理　事
朱玉红	广西水利电业集团有限公司	党委书记	高级经济师	理　事
朱新玲	广西农村水电及电气化发展局	局长	高级讲师	理　事
任玉珊	长春工程学院	副院长	教授	理　事
华正亭	广东省水电集团有限公司	党委副书记	高级工程师	理　事
刘成林	南昌大学建筑工程学院水利工程系	副主任	教授	理　事
刘廷玺	内蒙古农业大学水利与土木建筑工程学院	院长	教授	理　事
刘兆衡	南京水利水电科学研究院人事处	处长	教授级高级工程师	理　事
刘国明	福州大学土木工程学院		教授	理　事
刘彦君	黑龙江省水利水电学校	校长	教授级高级工程师	理　事
刘焕芳	石河子大学水利建筑工程学院	党委书记	教授	理　事
刘　超	四川大学水利水电学院	副院长	副教授	理　事
刘　超	扬州大学重点实验室	主任	教授	理　事
刘　锐	四川省水利厅人事处	处长		理　事

姓名	单位	职务	职称	理事会职务
刘福胜	山东农业大学水利土木工程学院	院长	教授	理　事
刘德有	国际小水电中心	副主任	教授	理　事
刘曙光	同济大学土木工程学院港海工程研究所	所长	教授	理　事
江　静	宁夏水利厅科教处	处长	高级工程师	理　事
宇　涛	陕西省水利厅人事处	处长	高级工程师	理　事
安　文	中国水利教育协会人才研究工作部	主任	教授	理　事
买买提江·夏克尔	新疆水利水电学校	校长	高级讲师	理　事
孙凤华	北京市水务局科教处	处长		理　事
孙书洪	天津农学院水利工程系	主任	教授	理　事
孙西欢	山西水利职业技术学院	院长	教授	理　事
孙军胜	中国水利教育与人才编辑部	主任	主任编辑	理　事
孙敬华	安徽水利水电职业技术学院	副院长	教授	理　事
孙　镇	中国电力建设集团有限公司人力资源部	副处长	高级经济师	理　事
杨纪伟	河北工程大学成人教育学院	院长	教授	理　事
李占斌	西安理工大学水利水电学院	院长	教授	理　事
李有华	华北水利水电大学继续教育学院	院长	副教授	理　事
李　华	东北电力技师学院	副院长	高级讲师	理　事
李松慈	水利部小浪底水利枢纽管理中心人事处	处长	高级工程师	理　事

李宗利	西北农林科技大学水利与建筑工程学院	副院长	教授	理　事
李建平	福建省水利水电干部学校	校长	高级会计师	理　事
李春亭	北京农业职业学院水利与建筑工程系	主任	副教授	理　事
李继忠	吉林省水土保持局	局长	研究员	理　事
李智慧	山西省水利技工学校	校长	教授级高级工程师	理　事
李德明	河海大学常州校区继续教育部	主任助理	研究员	理　事
肖长来	吉林大学环境与资源学院水利工程教学中心	主任	教授	理　事
肖迎春	山西省水利厅人事处	调研员	高级工程师	理　事
吴世凡	南水北调中线水源公司人力资源处	处长	高级政工师	理　事
吴吉春	南京大学地球科学与工程学院水科学系	主任	教授	理　事
吴　松	重庆水利电力职业技术学院	院长	副教授	理　事
时宁国	兰州资源环境职业技术学院	院长	教授	理　事
邱国强	中国水利职业教育集团	秘书长	副教授	理　事
何俊仕	沈阳农业大学水利学院	院长	教授	理　事
宋向群	大连理工大学建设工程学部	副部长	教授	理　事
张永波	太原理工大学水利科学与工程学院	副院长	教授	理　事
张成业	青海省水利厅人事处	副调研员	经济师	理　事

张华平	河北省水利厅人事处	调研员		理　　事
张　旸	淮河水利委员会人事处	处长	教授级高级工程师	理　　事
张茂林	内蒙古机电职业技术学院水利与土木建筑工程系	主任	教授	理　　事
张建中	黄河水利委员会人劳局教育处	处长	教授级高级工程师	理　　事
张建民	河南黄河河务局人事劳动处	处长	教授级高级工程师	理　　事
张　俊	三峡电力职业学院	党委书记	教授	理　　事
陈一梅	东南大学交通学院	副院长	教授	理　　事
陈东文	浙江水电职业技能培训中心	主任	高级工程师	理　　事
陈庆华	福建省水利厅人事教育处	副处长		理　　事
陈青生	河海大学继续教育学院	院长	研究员	理　　事
陈晓宏	中山大学地理科学与规划学院	副院长	教授	理　　事
陈敏中	长江水利委员会科学研究院人事处	处长	教授级高级工程师	理　　事
范春梅	松辽水利委员会人事处	调研员	主任编辑	理　　事
林建彬	湖南澧水流域水利水电开发有限责任公司人才中心	主任	高级经济师	理　　事
罗禹权	长江水利委员会人劳局	副局长	高级工程师	理　　事
罗瑞祥	云南省水利厅人事处	处长		理　　事
周万军	山东黄河职工中等专业学校	副校长	高级工程师	理　　事
周小文	华南理工大学土木与交通学院水利系	主任	教授	理　　事

周光明	安徽省水利厅人事处	副处长		理　事
周奇江	贵州省水利厅人事处	副处长		理　事
周鸣辉	湖南省水利厅人事处	调研员		理　事
周宜红	三峡大学水利与环境学院	院长	教授	理　事
周建中	华中科技大学水电与数字化工程学院	院长	教授	理　事
周　荣	甘肃省水利厅人事处	处长		理　事
周树宇	中水东北勘测设计研究有限责任公司人事处	处长	高级经济师	理　事
赵利平	长沙理工大学水利工程学院	院长	教授	理　事
赵国民	三门峡黄河明珠（集团）有限公司人力资源部	部长	高级工程师	理　事
胡　明	河海大学教务处	副处长	教授	理　事
柳钧正	宁夏水利电力工程学校	校长	工程师	理　事
祖　波	黑龙江省水利厅人事处	副处长	高级工程师	理　事
骆　莉	水利部人事司人才与培训处	调研员	高级工程师	理　事
耿延君	辽宁省水利厅科教处	处长		理　事
聂相田	华北水利水电大学水利学院	院长	教授	理　事
贾　超	山东大学土建与水利学院	副院长	教授	理　事
柴均章	山东省水利厅人事处	副处长		理　事
钱　鞠	兰州大学资源环境学院水利系	主任	副教授	理　事
徐　平	长江水利委员会长江科学院	副总工程师	教授级高级工程师	理　事

姓名	单位	职务	职称	理事会职务
徐　坚	吉林省水利厅人事处	处长		理　事
徐得潜	合肥工业大学土木与水利工程学院		教授	理　事
高　山	太湖流域管理局人教处	科长	工程师	理　事
郭才顺	南昌工程学院培训处	处长	教授	理　事
郭　宁	西昌学院工程技术学院	院长	副教授	理　事
唐国雄	重庆三峡水利电力学校	校长	高级讲师	理　事
唐　俊	湖北省水利厅人事处	处长		理　事
唐晓玲	贵州大学土木建筑工程学院	院长助理	教授	理　事
唐新军	新疆农业大学水利与土木工程学院	院长	教授	理　事
涂江南	长江水利委员会人劳局人才与培训处	调研员	高级经济师	理　事
姬晋廷	长江水利委员会陆水试验枢纽管理局	副局长		理　事
黄其忠	广东省水利厅人事处	副处长		理　事
黄　健	中国水利水电第七工程局有限公司高级技工学校	校长	高级讲师	理　事
黄海燕	云南农业大学水利水电与建筑学院	副院长	教授	理　事
黄　铭	合肥工业大学土木与水利工程学院	系主任	教授	理　事
梅亚东	武汉大学水利水电学院	副院长	教授	理　事
龚立群	河南省信阳水利技工学校	副校长	高级讲师	理　事
商碧辉	四川省绵阳水利电力学校	校长	副教授	理　事

喻国良	上海交通大学船建学院港航系	主任	教授	理　　事
程　媛	重庆工贸职业技术学院水利系	主任	教授	理　　事
傅　华	河南省水利厅人事处	调研员		理　　事
鲁怀民	青海水电高级技工学校	校长	高级经济师	理　　事
曾亚东	江西水利职业学院	院长		理　　事
解宏伟	青海大学水利电力学院	院长	教授	理　　事
蔡海平	珠江水利委员会人事处	副处长	高级工程师	理　　事
谭德伦	广西壮族自治区水利厅人事处	副处长	经济师	理　　事
霍自民	河北工程大学水电学院	副院长	教授	理　　事
戴金华	江西省水利厅组织人事处	处长		理　　事
戴春胜	黑龙江省水利水电勘测设计研究院	院长	教授级高级工程师	理　　事
戴　嵩	广东济达投资有限公司	总经理	工程师	理　　事
魏能行	长江水利水电开发总公司	副总经理	高级经济师	理　　事

后　记

廿年风雨铸辉煌，同心协力谱华章。为了回顾历史、研究历史、借鉴历史，了解昨天、把握今天、开创明天。我们将《中国水利教育协会 20 年》献给全体水利教育工作者和关心支持水利教育事业的领导、朋友们。

在本书编写过程中，各分支机构、工作机构、职教集团秘书处及其设在单位和北京水利水电学校等单位主管领导、工作人员大力支持配合，提供了许多历史资料和建设性意见。初稿形成后，协会领导多次审查把关，水利部人事司原巡视员、协会副会长陈自强，人事司人才培训处原处长、小浪底水利枢纽管理中心党委副书记孙晶辉等领导和协会第一届理事会秘书长窦以松等同志分别通览审阅，提出宝贵意见。17 位水利教育培训领域主管领导、院校领导及资深骨干结合自身经历和感受撰写回忆、纪念文章，为本书增加了亮点，丰富了内容，补充了史料。在此，我们一并表示衷心感谢！

本书由协会秘书处集体编辑完成。在近一年时间里，秘书处工作人员想方设法搜集整理历史资料，多方征求意见，不断商议讨论，反复修改完善。其中，牛杰同志起草了书中部分内容，并帮助黄乐同志筛选资料、整理文字、形成基本框架；雷友芳同志起草了部分书中内容，并结合大家意见通读统稿，进行修订；黄乐同志在全书内容选摘整理、沟通联系等方面做了大量工作。

在协会领导关心重视和各分支机构、工作机构、职教集团、理事单位、中国水利水电出版社的大力支持下，在众多水利教育主管领导、理事和专家帮助下，本书终于正式出版，但由于机构、人事变动和时间跨度较大等原因，可能存在疏漏、不周之处，敬请大家谅解、指正。

中国水利教育协会秘书处
2015年10月

中国水利教育协会官方微信